Lazy Ant
懒蚂蚁

U0190678

微百科系列 · 第二季

逐梦火星
我们的红色星球之旅

DESTINATION MARS
The Story of Our Quest to Conquer the Red Planet

[英] 安德鲁 · 梅 著

杨 睿 译

重庆大学出版社

前言：从科幻小说到科学事实

现在是2031年，“阿瑞斯1号”（Ares 1）计划的6名宇航员成功进入地球轨道。接下来，他们要在地球轨道上对接刚组装完毕的“赫尔墨斯号”（Hermes）飞船。“赫尔墨斯号”看起来像一个小型的国际空间站，但它却有国际空间站没有的一样东西：核动力离子发动机。这种发动机的威力不比化学火箭，不能让宇航员离开地球表面，它只能产生一个微小的加速度……但这个加速度能持续几个月的时间，能将“赫尔墨斯号”送到火星，让它在一年内安全进入火星轨道……

6名宇航员转移到小型火星降落载具[1]（Mars Descent Vehicle，MDV）上，准备直抵火星表面。降落载具进入稀薄的火星大气层后，先是和“联盟号”（Soyuz）飞船返回地球时一样，借助一个巨型的减速伞初步减速；然后在与降落方向相反的强力火箭发动机作用下实现进一步减速。我们可以把它看作“阿波罗”（Apollo）飞船登月舱的放大版。

1 本书中的“载具”为“运载工具”一词的简称。——编者注

“阿瑞斯 1 号”计划中宇航员的降落地点是提前选好的，不是随机降落。降落前，已经有一系列的无人太空任务将宇航员逗留 30 天所需的一切都运到了火星，包括：一个配备了食物、空气和水的加压居住舱，两个火星地表探测器和各种科学仪器。最重要的是，火星上升载具（Mars Ascent Vehicle，MAV）已经在火星表面准备就绪，只等他们抵达火星。火星上升载具就位后一直在不停作业，将氢气和火星大气中的二氧化碳混合，制成飞回“赫尔墨斯号”所需的燃料。……

“阿瑞斯 1 号”计划的宇航员全部安全返回地球，人类的第一次火星之旅圆满完成。两年后，“阿瑞斯 2 号”计划也会执行类似的任务。再过两年……

好吧，也许“阿瑞斯 3 号”计划并不会完全按计划进行。在安迪·韦尔（Andy Weir）2014 年的小说《火星救援》（*The Martian*）中，“阿瑞斯 3 号”计划就出了点意外。2015 年，雷德利·斯科特（Ridley Scott）根据小说改编的同名电影问世，轰动一时。上面描述的这一场景就来自小说《火星救援》。对韦尔和斯科特来说，《火星救援》是现代社会最激动人心的生存故事。但它真的只是虚构的吗？

今天，《火星救援》中提到的大部分技术都已经成为现实。20 世纪 60 年代，“土星 5 号”（Saturn V）火箭就已经可以把

100多吨的载荷送入近地轨道。和它相比，目前人类正在研发的几个运载火箭也毫不逊色。如今的国际空间站已经是400吨量级，可见人类已经有能力在近地轨道上建造大型的空间站，在太空中安全地生活、工作一年或是更长时间。

如果真的要去火星，我们需要的飞船会比电影里由巨型核动力离子发动机驱动的"赫尔墨斯号"简单得多。不过，那毕竟是一部好莱坞大片，"赫尔墨斯号"这般复杂、宏伟自然也是说得过去的。更高的复杂度带来的不单是技术可能性方面的问题，还有不必要的高昂成本和铺张浪费。比方说，航天器可以通过旋转某些部件提供人造重力。但对于一个为期不过一年的任务来说，这是否有必要、是否划算，就是另外一回事了。

同样，在《火星救援》小说中，"离子发动机"推进系统其实是可变比冲磁等离子体火箭（Variable Specific Impulse Magnetoplasma Rocket，VASIMR）。这种推进系统在技术上是可行的，也的确是科学家在现阶段研究的主题。但对火星任务而言，它可能并不是必需的，传统的化学火箭就可以胜任。

"赫尔墨斯号"载着宇航员登陆火星前，机器人任务已经安排好将各种物资提前送达。在发射窗口期（Launch Window）内，这些物资会被定期送往火星。这种"分离式任务"做法的灵感源于20世纪90年代提出"直达火星"（Mars Direct）计划的航空航天工程师罗伯特·朱布林（Robert Zubrin）。“直达火星”计划和《火星救援》一样，还提到了燃料原位（in situ fuel）生产的概念。无论是来自美国国家航空航天局（National Aeronautics and Space Administration，NASA）等政府机构的计划，还是埃隆·马斯克（Elon Musk）的美国太空探索技术公司（SpaceX）等民营企业的计划，人类探索火星的大多数提案中都能看到朱布林这一基本任务框架的影子。当然，在《火星救援》等虚构作品中，我们也看到了类似的描述。

由此可见，火星之旅在技术上是可行的，但它能在未来 20 年时间内成为现实吗？20 世纪 60 年代，许多人都认为人类能在 20 世纪结束之前登上火星。遗憾的是，由于经济、政治、太空研究和科学团体内部项目优先级冲突等原因，这种设想没能成真。不过，我们仍然取得了一些进展：我们建造了足球场大小的国际空间站，从 21 世纪初开始一直维持着人类在太空中的存在；美国国家航空航天局不仅成功将“好奇号”（Curiosity）火星车送上了火星表面，还让它沿着火星山脉的一侧往上开去。“好奇号”是一个可移动的科学实验室，大小和一台小汽车差不多。与此同时，马斯克等大企业家也越发看好只靠私人资金登陆火星的可能性。这场谁先到达火星的竞赛开始时可能不温不火，但现在的赛况自然是越发激烈了……

目录

1

红色星球的诱惑

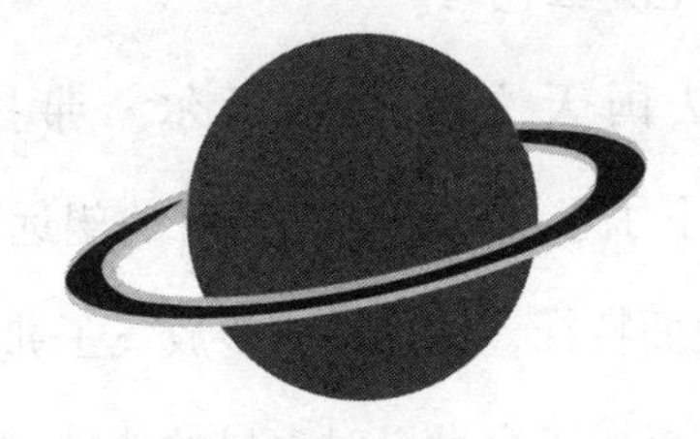

►►►

地球的太阳系邻居

火星的颜色是它表面的草和其他植被导致的吗？这种颜色装点了火星平原，赋予了这颗行星连肉眼都清晰可见的独特色调，古人也因此将它描绘成了一个战士。[1]火星上的草地、森林和田野都是红色的吗？……火星上的土地不可能像撒哈拉沙漠那样荒芜。它很可能是被某种植被覆盖着。既然我们观察到的火星陆地是红色的，那我们可以得出结论：火星上的植被也是红色的。

1873年，法国天文学家卡米尔·弗拉马里翁（Camille Flammarion）写下了上面这段话。当时的望远镜技术已经能够呈现火星的一些表面特征，这也进一步放飞了弗拉马里翁等人的想象。他们的著作点燃了全世界对火星的热情和兴趣。没过多久，除了所谓的“红色植被”，据说火星上还有复杂的人造运河系统和凶残的凸眼怪物。其实从古代开始，人们就对火星有一种迷恋，而现在人类不过是进入了迷恋火星的最新阶段。

火星是地球在太空中距离最近的邻居之一。和地球相比，火

1 火星的英文“Mars”是古罗马神话中的战神。——译者注

星距离太阳更远。在望远镜发明之前，人类在夜空中只能看到5颗行星，火星就是其中之一。其他4颗行星包括比地球距离太阳更近的水星、金星，以及比地球距离太阳更远的木星、土星。在这些行星中，只有金星比火星更靠近地球。

地球每年绕太阳运行一周，运行的轨道非常近似圆形，但并不是正圆形，轨道平均半径约为1.49亿千米。为了方便比较太阳系内各种天体的距离，我们把这个轨道半径称作一个“天文单位”（Astronomical Unit），简称为1 AU。比如说，金星沿半径为0.72 AU的近圆轨道绕太阳运行，它最靠近地球时只相距0.28 AU，约为4 200万千米。

火星要更复杂。它的轨道明显不是近似圆形，而是一个标准的椭圆。火星轨道上近日点（最接近太阳的一点）与太阳的距离是远日点（火星轨道上距离太阳最远的一点）与太阳距离的五分之四。事实上，所有的行星都沿椭圆轨道环绕太阳运行，这就是开普勒关于行星运动的第一定律。不过对地球和金星而言，近日点只比远日点距离太阳近一点点。

平均来讲，火星与太阳的距离要比日地距离远50%左右。根据开普勒第三定律，“行星的轨道周期随着与太阳距离的增加而增加”，火星绕轨道一周需要的时间也更长。火星年有687天，只比地球年的2倍少几周的时间。在一个火星年期间，火星与太阳之间的距离在近日点为 1.38 AU，在远日点为 1.67 AU。

由于轨道偏心、火星年和地球年之间缺乏同步性，地球和火星的距离，还有在地球上看到的火星面貌都会随着时间的推移而发生巨大的变化。有两个专业术语可以帮助我们讨论这个问题：合相（Conjunction）和冲相（Opposition）。业余的天文爱好者可能会觉得这些词听起来很熟悉，但请各位一定要注意，在这种背景下它们的使用方式恰恰会和你的直觉相反。

你可能会下意识地认为“合相”指的是地球和火星在太阳的同一侧且彼此最接近的时刻，“冲相”指的是它们各自位于太阳两侧且彼此距离最远的时候。事实恰好相反。这听起来可能有点疯狂，但它背后其实存在一种鲜为人知的逻辑。这两个术语的出现要追溯到古时候，当时所有人都认为太阳和所有行星绕着静止的地球运转。在这个模型中，“合相”指的是火星和太阳在地球的同一侧且距离最近，而“冲相”指的是火星和太阳分别位于地球的两侧。

冲相是观测火星的较好时间，因为这时候火星距离地球更近，看起来比平时要更大更亮。冲相大约每隔 25 或 26 个月出现一次。但同样是在冲相期间，火星是更靠近近日点还是更靠近远日点，也会让火星和地球之间的距离出现很大的差异。最佳的观测机会是近日点冲相，此时火星离地球只有 0.38 AU，约 5 600

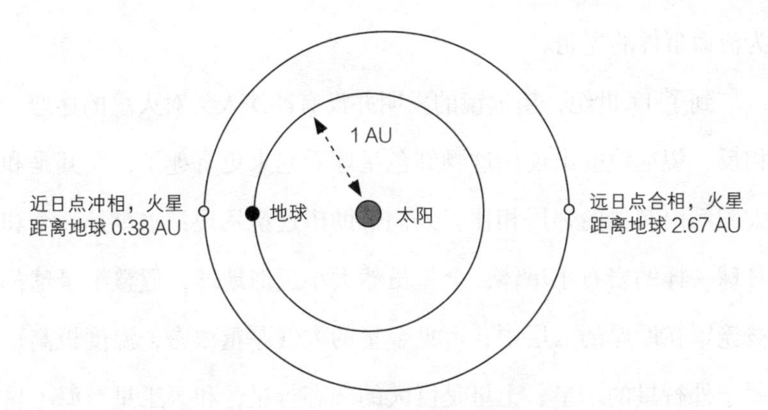

地球、火星绕太阳运行时，二者的距离会在这两个极端之间变化。

万千米。这样的冲相每 15 ~ 17 年才会出现一次。对观测者来说，这就是最好的情况。而另一种极端，远日点合相就是最糟糕的情况了，此时火星离地球有 2.67 AU，足有 4 亿千米远。

望远镜出现之后，人们才能够清楚地看到火星，特别是近日点冲相的火星。望远镜出现之前，火星只是天空中的一个小光点，和发光的恒星、其他行星相比并没有太大的区别。然而，即使是在那些看不太清的时代，火星也有一些特别之处。火星是红色的，颜色深浅还会在合相和冲相、近日点和远日点之间出现大幅度的波动。不管是对地心说的支持者来说，还是对那些相信天空中的一切都该完美不变的人来说，这颗红色星球都是一个谜。古人眼中的火星是暴力和冲突的象征，它在现代英文中的名称“Mars”就来自古罗马神话中的战神；近日点冲相时明亮的火星还曾被视为流血事件的先兆。

到了 17 世纪，望远镜的发明并没有冲淡人类对火星的迷恋。相反，望远镜的出现让这颗红色星球看起来更有趣了，尤其是和太阳系内其他的邻居相比。人们借助望远镜发现：水星是一个和月球一样的岩石小星体；金星虽然大小近似地球，但整个星球都被笼罩在厚厚的云层中，可见金星的大气厚重浓密，温度极高；属于外行星的木星、土星是巨大的气态行星，和天王星、海王星一样距离地球过于遥远，直到望远镜出现后才真正进入人们的视野。站在人类的角度来看，这些行星都算不上有诱惑力，但火星不一样。我们通过望远镜观察发现，火星就像一个缩小版的地球，平均半径只有 3 390 千米，而地球平均半径有 6 370 千米。火星距离太阳更远，接收到的光线更少。即使在最明亮的情况下，火星上的光强度也只有地球上光强度的一半左右。但火星上的一天几乎与地球上的一天一样长——火星每 24 小时 39 分钟自转一周。为避免与地球上 24 小时的一天混淆，天文学家将火星上的一天称为一个“太阳日”（sol）。

在地形上，火星也和地球类似，只是更加干燥。我们只能通过地面望远镜隐约窥见火星的表面特征，看到沙漠一样的火星地表。我们还知道，火星上也有大气层，比地球的大气层更加稀薄。在人类的太空探测器首次造访火星之前，对人类而言，火星大气的实际密度和组成都是一个谜。天文学家借助地面望远镜，看到了火星上的天气变化，偶尔是稀薄的云层，有时又会出现巨大的沙尘暴。和地球一样，火星的南北极也有冰冠，但直到太空时代[1]，人们才对这些冰冠有了正确的认识。

季节周期是我们观察到的火星类似地球的另一个特征。地球上有四季，是因为地球自转（每 24 小时自转一周）的旋转轴和绕太阳公转的轨道（公转一周需要约 365 天）之间有一个 23 度左右的夹角。每年 6 月左右，北半球向太阳倾斜，北半球入夏，南半球入冬。12 月，情况就反过来，北半球入冬，南半球入夏。

火星的转轴倾角约为 25 度，和地球的倾角接近，因此也存在类似的季节周期。火星上四季的长度约是地球四季的两倍，因为火星年的时间更长，约为 687 个地球日，669 个太阳日。另外，火星轨道的椭圆度更大，这带来了另一个不同：距离太阳最近的近日点出现在南半球的夏季、北半球的冬季，而远日点是在南半球的冬季、北半球的夏季。也就是说，南半球的季节变化会更加明显，夏季更加炎热，冬季更加寒冷。

人类可以借助望远镜在地球上看到火星的季节变化。这种变

1 1957 年 10 月 4 日，苏联发射了世界上第一颗人造地球卫星，标志着人类进入了太空时代。——编者注

化反映在冰冠，特别是南极冰冠的膨胀和收缩上，也反映在火星地表特征色彩的变化上。我们在望远镜中可以看到，火星上的黑暗区域会在夏季扩大，在冬季缩小。19 世纪的天文学家首次观察到这种现象时，就有一部分人猜想，这会不会是火星植被的季节性变化。基于这一猜想，诞生了望远镜时代最有趣的推测：火星上有生命吗？

地球和火星关键数据的比较

	地球	火星
半径（千米）	6 370	3 390
表面重力（重力加速度，以地球表面重力为基准）	1	0.38
太阳辐照度（瓦特每平方米）	1 360	590
大气压力（千帕斯卡）	101	0.6
近日点距太阳（天文单位）	0.98	1.38
远日点距太阳（天文单位）	1.02	1.67
年长（天，以地球时长为基准）	365	687
日长（小时，以地球时长为基准）	24	24.6
转轴倾角（度）	23	25

另一个地球？

1877 年，近日点冲相时的火星距离地球只有 5 600 万千米。意大利天文学家乔瓦尼・斯基亚帕雷利（Giovanni Schiaparelli）抓住这个难得的机会，对火星表面进行了详细的观测。和当时其他天文学家一样，他也把自己在望远镜目镜中看到的一切画了下来，记录自己的发现。之所以要画画，是因为当时的摄影技术还处于萌芽阶段。一直到 20 世纪，人们才认为相机是足够可靠的，可以用于专业的天文观测。

斯基亚帕雷利画下了火星表面的诸多特征，其中有一个复杂的线形网，意大利语称之为“canali”，翻译成英文，这个词可能表示“channel”（水道），表示这些线条是一种自然现象，也可能表示“canal”（运河）——人为造成的。斯基亚帕雷利本人可能用的是这个词的第一个含义，但英语世界的人在提到他的作品时更喜欢用第二个更能引起情感共鸣的含义——“运河”。

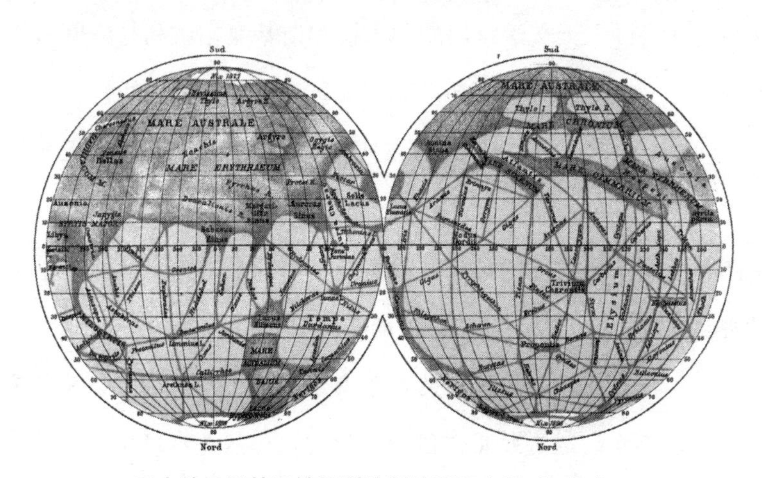

图中就是斯基亚帕雷利绘制的所谓火星“运河”。

法国天文学家弗拉马里翁把火星运河的想法放到了心上，他有了一个充满奇幻色彩的红色星球的概念，就是本章开头描述的那样。美国的珀西瓦尔·洛厄尔（Percival Lowell）对这一设想抱有更大的热情，他制作了数年间的详细的火星运河地图，包括1892年近日点冲相时期的运河景象。洛厄尔坚信火星运河是人为建造的——是火星上的智慧生物的杰作，因为他们想要把水从季节性融化的冰冠运送到日益干旱的沙漠。从1895年的《火星》（*Mars*）一书开始，他在一系列的畅销作品中都提到了这一观点。

火星运河说引发了很多争议。不仅是因为“运河”这个词意味着火星上有智慧生物存在，还因为只有极少数人说自己看到了这些运河。许多天文学家用的望远镜和斯基亚帕雷利与洛厄尔使用的设备一样好，但他们却没能在火星表面看到任何线性特征。这一问题在1909年那一次近日点冲相时达到了顶峰，法国天文学家尤金·安东尼亚迪（Eugène Antoniadi）绘制了当时最详尽的火星图，而安东尼亚迪的画中并没有运河。在他看来，运河只是一种视觉幻象，是人们一厢情愿的产物：

> 斯基亚帕雷利绘制的近乎直线的单、双“运河”并不是真实存在的运河或几何图案。但它们仍然是有现实基础的，火星表面上每条“运河”的位置其实都是不规则的条纹，抑

或是断断续续的灰色边界。

这应该就是火星运河说的结局。对大多数专业的天文研究者来说，也确实如此。不过对广大普通群众而言，火星运河说仍然有着一定的魅力。直到太空探测器明确证实了它们不存在，这种魅力才最终消散。火星运河说的大受欢迎，很大程度上要归功于洛厄尔，他认为运河是高度智慧生物在日渐贫瘠的星球上努力求生的产物。照这样想，火星文明要比地球文明更加古老，更加先进。洛厄尔本人在1895年的书中也写道：

> 这样的火星人很有可能拥有我们想都想不到的一些发明。对他们来说，电子音响和活动电影放映机已经是过去的东西，它们被保存在博物馆里，用来纪念火星人早年那些笨拙的设计。当然，我们看到的这些东西告诉我们：火星智慧生物比我们更加先进，并不落后于我们。

洛厄尔写下这些文字不过两年，赫伯特·乔治·韦尔斯（Herbert George Wells）的新系列作品就在《皮尔逊杂志》（*Pearson's Magazine*）上亮相。这个系列小说名为《星际战争》（*The War of the Worlds*），小说开头描绘的火星几乎和洛厄尔眼中的火星一模一样，是超智慧火星人居住的、日渐衰亡的世界。但韦尔斯比洛厄尔更进了一步。既然火星人拥有先进的技术，在星球走向灭亡的情况下，他们难道不会开始寻找、征服另一个新的星球吗？于是，韦尔斯笔下的火星人将贪婪的目光投向了地球，这也是科幻小说中第一次出现外星人入侵地球的情节，但这绝对不会是最后一次。《星际战争》里面的火星人是一种长着触手、凸着眼睛的丑陋怪物，形象十分吓人，极其排外。在之后的几十年里，这种形象一直是大众市场上科幻小说的主流。

《星际战争》发表15年后，在另一本杂志的连载小说中才开始出现更为积极，但也许不那么可信的火星人形象。1912年2月，《全故事杂志》（*All-Story Magazine*）开始连载埃德加·赖斯·伯勒斯（Edgar Rice Burroughs）的小说《火星公主》（*A Princess of Mars*）。这是他的系列长篇小说的第一部，这个作者的另一个系列作品——丛林英雄泰山的故事也十分出名。泰山的故事可能已经令人瞠目结舌，但和《火星公主》这个关于巴松（Barsoom）的故事相比，泰山就有些黯然失色了。"巴松"是火星人自己对火星的称呼，是第一本书的主人公约翰·卡特（John Carter）登上火星后的发现。卡特并没有乘坐宇宙飞船登陆火星，他是被某种神秘的方式传送到了火星。抵达这颗红色星球后，他发现这里的空气虽然稀薄，但还是可以供人呼吸的；火星的地形也和美国西南部的地形非常相似。

卡特在火星冒险之旅过程中遇到了许多智慧生物，他们的外形都与人类相近（不再是韦尔斯笔下那种触手怪物），其中有些生物的外表几乎已经非常接近智人（Homo Sapiens）的外表，没什么分别。正是因此，卡特最终才会和与小说同名的主人公“火星公主”喜结连理。伯勒斯眼中的火星非常不合理，但他眼中的火星与洛厄尔、韦尔斯眼中的火星有一个显著的共同特征：他也把火星描绘成了一个见证过更加辉煌的时代，但现在却濒危垂死的世界。就像“火星公主”在第一部小说中解释的那样：“如果不是因为我们辛勤劳动、科学经营，火星上就不会有足够的空气或水来支撑火星人的生活。”

第一次对火星进行“硬科幻处理”[1]的，通常认为是斯坦利·G. 温鲍姆（Stanley G. Weinbaum）的短篇小说《火星奥德赛》（*A Martian Odyssey*），于1934年7月发表于《奇异故事》（*Wonder Stories*）。在《火星奥德赛》中，火星之旅不再像《火星公主》中那样通过神秘力量传送，而是通过核动力火箭实现的，就像《火星救援》的情节一样。和《火星救援》中的“阿瑞斯”计划一样，温鲍姆的火箭被称为“阿瑞斯”，是古希腊神话中战神的名字（古罗马战神的名字是Mars，正是火星的英文）。现代读者可能会发现温鲍姆对火星的描述错漏百出，但就当时的科学

1 “硬科幻处理”是指随着故事展开的需要，科幻小说中的科学因素都尽可能做到准确。——译者注

知识而言，他已经做得很不错了。书中描绘的火星是一个寒冷、像沙漠一样的地方，空气稀薄，人要经过特殊训练才能在火星地表呼吸，这和人在地球最高峰呼吸的情况差不多。

《火星奥德赛》的主人公遇到了各种各样的生命形式，温鲍姆创造它们的方式也都是前所未有的。韦尔斯“想创造要入侵地球的火星人”，伯勒斯“想创造一位美丽的公主，让我的主人公坠入爱河”，温鲍姆“想创造的外星人是也许已经在火星上进化过的外星人，和那些以现实为依据的科学书籍中描述的一样”。

结果，温鲍姆的火星人真的成了外星人，和地球上进化出来的任何生物都没有相似之处，他们对征服人类也没有任何兴趣……当然也就没有和主人公来场感情戏的想法。也许正是因为这个原因，《火星奥德赛》在公众中的影响力远不及《星际战争》和《火星公主》，今天几乎没有人还记得这部作品。但它激励了很多新一代的硬科幻作家，包括艾萨克·阿西莫夫（Isaac Asimov）和亚瑟·查尔斯·克拉克（Arthur Charles Clarke）。

克拉克将自己对红色星球的想象写进了《火星之沙》（*The Sands of Mars*）这本小说中。小说于 1951 年问世，当时克拉克正任英国星际协会（British Interplanetary Society，BIS）的主席。可以说，他是当时了解最多太空信息的人之一，这些信息包括行星科学以及太空旅行的可行性。

《火星之沙》的主角乘坐“阿瑞斯”核动力飞船前往火星，这个情节和之前的《火星奥德赛》、60多年后的《火星救援》一样。克拉克笔下的火星空气“比珠穆朗玛峰的空气还更稀薄”，人需要戴呼吸面罩，但不用穿整套的加压太空服。克拉克笔下的火星是一片几近荒芜的沙漠，植被稀疏，只生活着数量很少的简单动物。科幻小说中的“简单”指的大概是食草动物（科学家口中的“简单动物”指的是缓步动物等需要借助显微镜才能看到的生物）。

克拉克成功了，《火星之沙》确实是硬科幻小说中的一部佳作。在人类太空探测器首次到达火星，改变一切关于火星的认知之前，这部作品代表了科学、准确描绘火星的创作巅峰。克拉克在小说中自信地断言“*火星上没有山*”（原著中用斜体字突出显示），但事实上——有。

真正的火星

1971年，科幻小说《火星之沙》问世20年之际，美国国家航空航天局发射的“水手9号”（Mariner 9）探测器成为第一个成功进入环火星轨道的航天器。“水手9号”在几个月的探测时间内传回了数千张火星的照片，颠覆了我们对火星地貌的认知。事实证明，至少在地貌这方面，科幻小说严重低估了火星的壮观程度。几年后，《火星之沙》的作者亚瑟·克拉克就在他的另一本非虚构类著作《塞伦迪普景观》（*The View from Serendip*）中写道："和宇宙中我们已发现的任何星球相比，火星上的景象都是最为壮观的。"之前克拉克认为火星上没有山，但事实上是有的，他自己在书中也很高兴地承认了这个错误。他在书中还提到了奥林帕斯山（Olympus Mons），这是火星上的一座死火山，高出周围地形 22 千米，差不多有两个半珠穆朗玛峰那么高。包括奥林帕斯山在内，"水手 9 号"在火星上一共发现了 5 座山脉，它们的高度让地球上的一切山脉都望尘莫及。火星上发现的一处巨大裂谷也同样令人叹为观止，它的长度是美国亚利桑那州大峡谷的 10 倍，深度是后者的 4 倍。因为这处峡谷是被"水手 9 号"发现的，所以被命名为水手号峡谷。在"水手 9 号"升空后的 40 多年里，还有 10 多个自动探测装置造访了这颗红色星球，包括轨道器、着陆器和探测器。它们不仅配备了相机，还配备了各种先进的科学仪器，传回了更多、更详细的数据。正因如此，今天人类对火星的了解才远远超过了以往的水平。

火星表面主要由火山玄武岩组成。地球上也能找到这种岩石的存在，但火星上的玄武岩富含更多的氧化铁，也就是我们常说的锈，因而赋予了这颗"红色"星球独特的橙褐色色调。我们通过火星地表的着陆器发现，火星上的天空也呈现一种微红的颜色，这是由悬浮在大气中的细小尘埃颗粒造成的。火星上的尘埃很多，覆盖着地表的大部分区域。同时，火星又是一颗非常干燥的星球，这些尘埃会被风暴吹得到处都是——超大规模的沙尘暴就成了火星气候最具特色和戏剧性的一大特征。

火星比地球要小，火星的表面重力只有 0.38*g* 左右（而地球的表面重力为 1*g*）。这一点可以解释火星上的山脉为何如此高耸：因为火星上能让山脉变得低平的重力作用要比地球上的小得多。然而，火星的引力虽比地球要小，却吸引了更多的天然卫星。有两颗岩石卫星绕火星运行，分别是火卫一（Phobos）和火卫二（Deimos），它们和地球的卫星月球有着很大的区别。火卫一和火卫二的大小不到月球的百分之一，形状也不是球形，更像马铃薯的形状。它们看起来就像是火星与木星之间宽阔地带里的小行星，样子和被火星引力捕获、拉入轨道之前一模一样。火卫一是两颗卫星中较大的那颗，它的直径也只有约 25 千米。和月球绕地球运行的轨道相比，火卫一的运行轨道离火星地表要近得多，只有约 6 000 千米。因为离得近，在火星上看到的天空中的火卫一就显得相当大，足有地球上看到的满月大小的三分之一。

人们通过美国国家航空航天局火星漫游车（专业名称为巡视器）的电子眼看到的火星和地球非常相像，至少和地球上一些更干燥、更贫瘠的地方非常相像。不过，相机毕竟只能“讲述”

故事的一部分。其他仪器和传感器的探测结果表明，火星确实是一个不适合人类居住的地方。火星地表的大气压力仅为地球的 0.6%，相当于地球上 35 千米海拔高度的情况。火星大气层的成分也有所不同，主要是二氧化碳、微量的氧气和水蒸气。这种稀薄的大气不仅不能提供可供人类呼吸的气体，还会让夜晚变得异常寒冷。火星白天的温度可以达到 20 摄氏度，听起来还不是太糟，但火星夜晚的温度可以降到零下 140 摄氏度。这个温度已经低到几乎接近没有任何大气的情况了。

19 世纪末，珀西瓦尔·洛厄尔认为火星上有运河存在，是火星智慧生物为了将火星南北极季节性的融冰运送到更干旱的赤道地区。这个猜想来源于当时在地球上很容易就能观测到的一个现象：火星的极冠在冬季膨胀，夏季收缩。除了水冰，还有什么能构成火星的两极呢？

事实证明，洛厄尔的观点有对有错。首个到达火星的太空探测器检测了火星的大气。显然，极冠的季节性变化并不是由水冰引起的，而是由二氧化碳引起的。火星大气中的二氧化碳会在冬季冻结，在夏季蒸发。但之后的雷达观测又显示，火星两极确实是存在水冰的，且数量还很多。水冰所处的位置更深，不像被冻住的二氧化碳那样容易被看到，但它的量更多，总计有数百万立方千米。

火星地表的温度很低，意味着地下冰并不只存在于两极，也存在于低纬度地区。如果我们在火星上发现的所有冰是均匀分布的，那它的厚度将达到数米，能覆盖整个星球。这对未来的人类探险家来说是个好消息，他们只需要“挖”冰块就能获得足够多的水资源。甚至还有证据表明，天气足够温暖时地下冰可能会融化。2010 年，美国国家航空航天局的“火星勘测轨道器”在光线充足的陡坡上发现了许多狭长的暗色条纹，这些条纹被称为“季节性斜坡纹线”（recurring slope lineae）。它们通常出现在地表温度高于零下 20 摄氏度的地方，可能是液体从斜坡上流过留下的痕迹。在科学家给出的各种解释中，最有可能的就是这些痕迹是很咸的水留下的，这些水的盐浓度比地球上海水的盐浓度还要高得多。这种水的冰点较低。（这就是我们冬天把岩盐撒在道路上所利用的原理。）

所以火星上是有水的，可要找到它们却很难。但情况也并非总是如此。火星地质学方面有大量证据表明，很久以前的火星上是有流动的水的。水手号峡谷最初虽然是由地质断层所造成的，但后来则是受到了水力侵蚀作用的影响。火星上到处都可以看到类似的水力作用影响，包括干涸的河床和湖床。其他的间接证据还包括圆形的鹅卵石。地球上的圆形鹅卵石通常就是在流水的作用下形成的。火星表面曾有大量水存在，这个事实表明，那时的火星大气层必然比现在要厚得多，厚到足以孕育温和的气候。

由此看来，20 世纪的科幻小说作家还是没错的：红色星球确实曾经是一个比现在更温暖、更湿润的地方。但他们也并非完全正确。在科幻小说中，那个“有水的火星”通常只存在于几个世纪以前，而那些时代留下的最后一批后代今天也还生存在火星上。但事实上，那个时代距离今天并不止几百年。科学家们比较了水形成的特征和已知存在时间的表面环形山，他们估计火星的湿润时期可能早在 30 亿年前就结束了。

30 亿年前，地球上已经出现了生命，而且已经进化发展了将近 10 亿年。不过当时地球上的生命仍然是非常简单的生物，由非常小的单细胞生物组成。直到后来，大概是 15 亿年后，更复杂的多细胞生物才开始出现。它们的体型仍然非常微小，只能在显微镜下被观察到。我们可以想象，火星上生命出现的时间与地球相同，或者还要再早一些。当然，环境条件也要刚刚好。但火星生命的大小是否超越了显微镜下可见的大小，这一点就非常值得怀疑了。体型大到可以引起科幻小说作家兴趣的生物，如鱼类和陆地动物，在地球的环境条件中直到 5 亿年前才出现。而那时，火星早就成了 20 亿年来几乎都没有空气也没有水的荒芜之地。

即使火星表面在过去的某个时刻确实曾经拥有简单的生命形式，现在也很少有科学家还抱有在火星上寻找生命的想法了。那些随季节变化的块状“植被”曾经令洛厄尔等 19 世纪的天文学家们无比兴奋，但事实却并不像他们想的那样。与斯基亚帕雷利的“运河”不一样，这些暗色的斑块是真实存在的，并不是一种幻觉。但它们只是火星尘埃被风吹动、形态不断变化的结果。

然而，火星可能还没有彻底死亡。火星上可能还存在着远离地表的热的液态水，就像地球上一些深洞穴和裂缝中的水一样，被星球的内部能量加热了。有水的地方，就可能有生命。地球的深部生物圈就是这种情况，它在地表以下延伸数千米，拥有很多已经学会在这样的环境中生息繁衍的“嗜极微生物”（Extremophile）。这些生物大部分都是和细菌一样的简单单细胞生物，但也有小部分是更复杂的蠕虫状生物。许多科学工作者认为，类似的嗜极微生物也可能存在于火星岩石地壳的深处。

没有火星运河，没有凸眼怪物，也没有美丽的公主……如果我们运气够好的话，可能还有一些细菌或蠕虫存在于火星上。这样的火星没有之前那么有趣了。至少，对那些仅仅根据拥有智慧生命的可能性来对行星评级的人来说，火星没那么有趣了。但我们惊讶地发现，仍然有一些人（主要在互联网上）继续宣扬火星在其“考古”历史中是一个高度发达的文明。他们翻遍了美国国家航空航天局各种轨道器和漫游车发回的火星照片，努力寻找支持这一说法的证据，就像洛厄尔仅仅依靠光学错觉和一厢情愿的想法那样。其中最著名的例子是 20 世纪 70 年代美国火星探测器拍摄的火星图像中的“火星人脸”，它实际上是一块巨型岩石露出地面的部分，就像一张在仰望宇宙的硕大人脸，颇具艺术气息。后来，拍摄火星照片的相机分辨率提高了，已经消除了这种错觉，只有那些冥顽不灵的信徒还执迷不悟。美国国家航空航天局网站曾发布了一篇题为“揭开火星人脸之谜”（Unmasking the Face on Mars）的文章。文中明确写道，人们在讨论的这个东西其实是自然形成的，就像美国西部的地垛和方山一样。这篇文章不仅推翻了火星人脸是一处考古遗迹的可能性，同时还指出，“美国国家航空航天局管理预算的人员反倒更希望火星上真的存在一个古老的文明”。

这很重要。想要将太空飞船送到火星的人，无论是开展无人探测任务还是开展载人探测任务，他们都有充分的理由去相信火星上存在一个古老的文明。为了获得必要的资金支持，他们需要激发政治家、媒体和公众的兴趣。没有什么能比发现火星曾经是类人智慧生物的家园更好的理由了。哪怕是级别低一些的生命形式也可以，就像克拉克在《火星之沙》中描绘的那种，如果今天它仍存活于火星植被中的话，那也是可以的。但我们什么都没有发现，哪怕是最微弱、最诱人的暗示都没有。

那为什么还要去火星呢？其实有一个非常好的理由：火星可能还没有人居住，不过毫无疑问，只要付出一点努力，它就可以变成人类的第二个居所。正如第 1 节末的表格所示，火星和地球是非常相似的：有充足的水，虽然需要从地下冰中提取；有阳光，可以利用太阳能电池板转换成电能。和《火星救援》中的情节一样，火星上的人类必须要生活在加压的居住舱内；人类可以借助火星大气中的二氧化碳制取必要的氧气。《火星救援》中还有一件事也是对的：我们可以在火星土壤里种植地球上的粮食作物。2008 年 5 月，美国国家航空航天局的“凤凰号”（Phoenix）探测器降落火星，它采集到的第一份土壤样本竟然就可以用来种植植物！正如该任务中一位科学家所说的：“它就是你能在自家后院里找到的那种土壤，就是碱性的土壤。你可以在这种土里种芦笋，并获得大丰收。”

从人类的角度来看，火星可能并不是太阳系中最热情好客的地方，最热情好客的是地球，但火星是“距离不太遥远”的第二选择。既然如此，那么下一个问题就来了：我们怎么前往火星？

2

如何前往火星

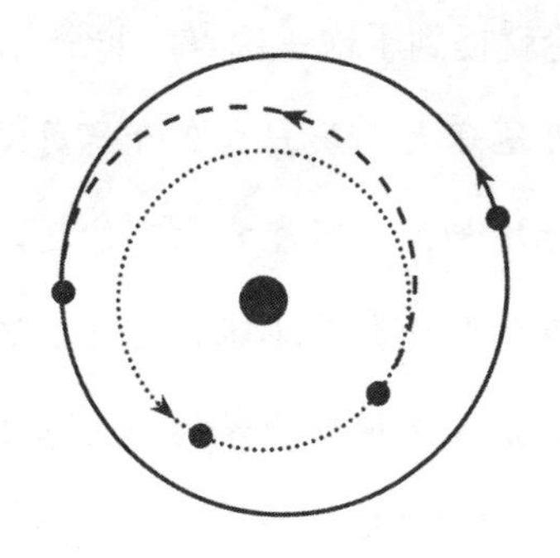

▶▶▶

火箭科学

20 世纪初，坐火箭去另一个星球还像是科幻小说里的情节。美国工程师罗伯特·戈达德（Robert Goddard）是少数把这种想法当真的人之一。他写的有关外星火箭学的著作常常遭人嘲笑，但这并不是因为他的工程设计存在任何问题，而是有更为根本的原因——因为当时的主流观点认为，从科学层面来讲，在地球大气层外使用火箭是不可能的。《纽约时报》（*New York Times*）1920 年 1 月有一篇社论就提到了这一论点，非常有名：

> 火箭离开地球大气层，真正开启更漫长的旅程后，其飞行速度既不能增加，也不能靠它可能还没用完的燃料来维持速度。……声称火箭离开地球大气层后还能维持速度甚至加速的说法，就是在无视动力学的一大基本法则。……戈达德教授在克拉克学院（Clark College）和史密森学会（Smithsonian Institution）都占有一席之地，却不知道作用力和反作用力之间的关系，不知道需要一些比真空更好的作用对象。他的那些说法真是荒谬至极。当然，持有这种说法的人似乎连高中的知识都没学好。

但《纽约时报》错了。49 年后，“阿波罗 11 号”（Apollo

11）成功飞往月球，《纽约时报》刊登了一篇迟来的道歉声明：

> 进一步的调查、实验证实了17世纪艾萨克·牛顿（Isaac Newton）的发现。如今已经确定，火箭在大气和真空中都能正常运行。《纽约时报》对此错误深感抱歉。

牛顿是这一转变的关键。要很好地了解这一切，你需要知道的一切和太空飞行有关的科学知识都被他写进了1687年出版的《自然哲学的数学原理》（*Philosophiae Naturalis Principia Mathematica*）一书中。除了著名的万有引力定律外，这本书还提出了牛顿运动定律。牛顿三大定律的实质其实就是对同一基本法则——动量守恒——的不同表述。

物体的动量等于其质量乘以速度。大多数物体的质量基本不变，因此动量实际上与速度成正比。你知道你的车速是多少，又何必在乎它的动量呢？可惜在火箭的问题上，情况要复杂得多。按照火箭的工作原理，它的质量是在不断减轻的。因此，我们不得不探讨火箭的动量：其（可变）速度乘以其（可变）质量。

火箭燃料燃烧产生前进的动量，这个动量的净增加值就是所谓的“推进力”，等于火箭的推力乘以燃烧持续的时间。为什么火箭发动机内的燃料燃烧能最终推动火箭前进呢？产生推进力的其实并不是燃烧，而是燃料燃烧时从火箭后方排出的废气（这也是火箭质量不断减轻的原因）。动量守恒就体现在这里：废气向后排出的动量必须通过火箭前进动量的增加来平衡。

由牛顿运动定律可以推导出一个简单的公式，“火箭方程”（Rocket Equation）。早在19世纪末，伟大的火箭先驱，出生于俄罗斯的工程师康斯坦丁·齐奥尔科夫斯基（Konstantin Tsiolkovsky）就完成了这一公式的推导。齐奥尔科夫斯基的公式将火箭速度的变化（通常用“Δv”表示）与火箭排气的速度、其初始质量与最终质量的比值联系在了一起。

科幻小说迷可能会以为“Δv”是作者想要强调角色的火箭科学家身份才使用的行话。作者的这种做法也没错：火箭科学家们确实会谈论 Δv，甚至在现实生活中也会提到它。在地面上，汽车制造商痴迷于加速度，比如车从静止加速到100千米每小时需要多少秒。但在太空中，重要的是最终速度和初始速度之间的差异（本例中相差100千米每小时），这就是 Δv。只要能达到所需的 Δv，是花了几秒钟还是几小时都不要紧。

Δv之所以如此重要，是因为航天器执行太空飞行任务都是绕轨道运行的，最终决定轨道位置的是速度大小。要将航天器送入想要的轨道，或是要与另一个航天器进行轨道对接，仅仅到达太空中的某个点是不够的。航天器在到达这一点时，还必须以正确的速度、正确的方向行进。要理解这一点，就要理解牛顿和他最著名的定律——万有引力定律。

大家都知道重力是什么：重力是一种引力，力的方向朝向行星中心，力的大小和物体与行星的距离成反比。牛顿定律给出了精确的公式：重力与行星质量成正比，与距离的平方成反比。日常经验告诉我们，所有东西都有落到地球上的倾向。如果我们讨论的物体趋向静止或者移动速度非常慢，哪怕它是在太空中，它最终也会落到地球上。但如果它正在快速移动，就像大多数航天器一样，动量守恒往往会让它保持直线运动。这就是牛顿的第一运动定律，也称惯性定律。

惯性和引力的净作用会让快速移动的航天器的飞行轨道保持弯曲。卫星的圆形轨道就是作用力与反作用力平衡的结果。一方面，依照惯性，卫星会沿着圆形轨道的切线方向飞走；另一方面，也是更明显的一方面，如果只考虑引力，卫星就会垂直落回地球。实际上，惯性和引力两个因素都在起作用，结果就是航天器沿轨道运行，就像行星绕太阳沿轨道运转那样。

“轨道”这个词通常会让人联想到地球周围沿圆形轨迹运转的航天器，但这并不是唯一的可能性。在与该圆形轨道相交的任何一点上，沿着不同方向，取决于不同的速度，还存在着无数的其他轨道。比能够维持圆形轨道的正常速度更快的航天器会沿着拉长的路径环绕飞出，飞到地球另一侧海拔更高的地方。如果速度足够快，超过了地球的“逃逸速度”（Escape Velocity），航天器就不会在绕着地球转的轨道上运行了，航天器仍然要沿轨道运行，但这条轨道围绕的就不再是地球，而是太阳了。这条轨道由航天器的具体速度决定，人类可以将航天器送到金星、木星、海王星……或是火星。这就是 Δv 如此重要的原因。

科幻作家杰里·波奈尔（Jerry Pournelle）笔下的地球轨道是“去往任何地方的中点”。这种说法现在看起来有些荒谬。低轨道卫星距离地球表面才几百千米，而火星离地球最近的距离都有大约 5 600 万千米。木星距离地球比火星距离地球还要远 10 倍，海王星距离地球甚至超过了 40 亿千米。但波奈尔提及的“中点”并非是千米数，他和任何一位优秀的火箭科学家一样，思考的是 Δv。

在没有空气阻力的情况下，航天器从地表飞入圆形轨道需要 7.8 千米每秒的 Δv。在实践中，为了克服空气阻力，所需的 Δv 数值要略高于 7.8，大约为 10 千米每秒。这个数值很好记，也很值得记住，因为这是你进入地球轨道的第一步，这个数值就是你所需的最小努力。但这真的能让你到达“去往任何地方的中点”吗？

如果你考虑的是 Δv 而不是千米数的话，那你确实已经成功了一半。只需要再多 3.6 千米每秒的 Δv 就能带你飞到火星轨道；再多 6.3 千米每秒的 Δv，就能飞往木星轨道；再多 8.2 千米每秒的 Δv，就能飞往海王星轨道。1977 年，美国国家航空航天局发射了太空探测器“旅行者1号”（Voyager 1），它相对于地球表面的总 Δv 只有18.3千米每秒，还不到进入地球轨道所需 Δv 的两倍，但它现在已经飞出了太阳系，正在飞往宇宙更深的地方。

作用力和反作用力

火箭的工作原理和喷气式飞机的原理大致相同。喷气式飞机的燃料在燃烧室内燃烧，产生高温气体，通过排气喷嘴排出，将飞机向前推进。但喷气式飞机用到的一些诀窍是火箭用不到的。从技术角度来看，“燃烧”是燃料和氧气之间发生的化学反应，喷气式飞机可以从大气中获取所需的所有氧气。最重要的是，喷气式飞机的发动机可以用无穷多的冷空气来补充排出的热气，这些冷空气可以从大气中获取，然后从发动机后部喷出，增加喷气式飞机向前的推力。火箭就做不到这一点。火箭必须携带所有的东西：燃料、氧气和其他任何要从后面喷出用来产生推力的东西。

这就带来了让火箭科学家最为头疼的一个问题。运载火箭不仅要有足够的威力将有效载荷送离地面，还要能够将自身的质量送离地面。火箭威力越强，需要的燃料、氧气和推进剂就越多，火箭上带的东西也就越多，火箭就会越大、越重。喷气式飞机上有效载荷占飞机总质量的比重可能接近50%。但航天器的“有效载荷比”只有3%或4%左右。从发射台上升空的巨大火箭上，只有一小部分载荷能够获得足够多的 Δv 进入轨道。

1952 年，也就是第一颗人造卫星进入轨道的 5 年前，艾萨克・阿西莫夫创作了一篇名为《火星方式》（*The Martian Way*）的短篇小说，小说中就预见到了这个问题。这一切都源于牛顿的第三运动定律，关于作用力和反作用力方向相反、大小相等的定律（这是动量守恒的另一个结果）。正如小说中一个人物所解释的那样：

> 现在，想象一下一艘上万吨重的宇宙飞船要飞离地球。要做到这一点，其他东西就要向下移动。宇宙飞船非常重，必须要有大量的东西向下移动。事实上，这么多东西没办法全部放在宇宙飞船的某个地方，我们必须在飞船后面建造一个特殊舱体来装这些东西……但现在飞船的总质量大了很多，你需要的推进力也更大了……最大壳体内的材料用完后，这个壳体就会脱落，被丢掉……然后第二个壳体被丢掉……如果这段旅途很长，那就一直要继续下去，连最后一个壳体都会被丢掉，以减轻火箭的质量。

“舱体”和“壳体”这样的词可能与火箭工程师现在使用的术语有所不同，但阿西莫夫领悟到的正是火箭分级这一关键需求。这是火箭科学的基本现实，19 世纪的齐奥尔科夫斯基也意识到了这一点。然而，不管是在阿西莫夫之前还是之后，大多数科幻作家都认为火箭分级不够灵巧、不够精致，选择对它置之不理。令人遗憾的是，他们更偏爱的“单段式入轨”至今仍是一个未能实现的梦想。今天，现实中任何一个运载火箭都必须是多级结构，由两级或多级火箭组合而成。就像阿西莫夫描述的那样，某级火箭的燃料一旦耗尽，那级火箭就可以被舍弃，从而减轻总质量。

现阶段的太空运载火箭都是化学火箭，像喷气式飞机一样燃烧燃料和氧气来获取能量。火箭使用的燃料通常是一种煤油，与标准航空燃料类似；为了达到更高的性能，也可以使用高度压缩的液态纯氢。由于无法从大气中获取氧气，化学火箭还必须自己携带被压缩成液态的氧气。化学火箭是可以一石二鸟的选择。首先，燃料和氧气的燃烧会产生大量的能量，即热量；其次，通过狭窄的排气喷嘴排出过热的燃烧产物可以产生必要的推力，将火箭推向高处。

然而，化学反应的效果仍然受到一些因素的限制。火箭系统的有效性可以用三个因素来表示，其中两个因素很简单：火箭的推力，通常以牛顿（N）为计量单位（1 N 等于使 1 千克质量的物体产生 1 米每二次方秒的加速度所需要的力），以及推力作用的时间。第三个因素不太为人所知，但却同样重要，那就是排出废气的速度。排气速度越快，质量一定的推进剂就能给火箭提供更大的推力。

“推进剂”这个词常与“燃料”换着用。在讨论化学火箭时，这种互换当然是没有问题的，推进剂确实就是燃料，或者说得再学术一点，它是燃料和氧气燃烧时产生的热气。这种类型的火箭排气速度很低，仅为几千米每秒，但它可以通过快速燃烧大量燃料来弥补排气速度慢的缺点。这样一来，大型化学火箭就可以产生数百万牛顿的巨大推力，但这个推力只能维持短短几分钟，所有燃料就在这几分钟内耗尽了。

所有火箭都需要燃料，所有火箭也都需要推进剂。但燃料和推进剂不一定就是同一样东西。推进剂为火箭提供前往太空的推力，而燃料则为推进剂提供能量。化学燃料燃烧产生能量的方式虽然历史悠久，但绝不是最有效的方式。比方说，核裂变反应每千克物质可产生的能量就差不多能达到化学反应的一百万倍之多。几千克的铀就能为一艘15 000吨重的核潜艇提供一整年所需的能量。那为什么不用核反应堆作为火箭的动力来源呢？问题在于，核反应堆自身产生的能量不会产生推力，没有天然产生的废气作为推进剂。除了产生能量的反应堆之外，核动力火箭还需要第二个组件来产生高速的推进剂流，从而推动火箭。最简单的方法是利用反应堆加热某种气体，像化学反应排出气体那样起到推进剂的作用。这种组合被称为“核热火箭”（Nuclear Thermal Rocket），在它身上也凸显了火箭科学的一大讽刺之处：无论能量来源如何高效紧密，火箭还是得自带推进剂。科幻小说中神奇的太空飞行器之所以能忽略这一原则，就因为它们只是科幻小说。[1]

目前还没有和核热火箭有关的科幻小说问世。早在 20 世纪 60 年代，美国国家航空航天局就考虑过这类设计，我们在早期的火星任务计划中也能窥见一些端倪。这个计划被称为火箭飞行器用核发动机（Nuclear Engine for Rocket Vehicle Application，NERVA）计划，是“土星 5 号”第三级火箭的候补选择。这一级火箭的主要目的不是进入地球轨道，那是第一级和第二级火箭的任务，第三级火箭的任务是要产生额外的 Δv，挣脱地球引力，飞入行星际轨道。和标准化学反应驱动的第三级火箭相比，核发动机可以更有效地实现这一目标，其排气速度能够达到前者的两倍。这两种发动机产生的推力类似，都在 100 万牛顿的范围内，但核发动机在推进剂用尽之前可以将这一推力保持三倍长的时间，长达半小时。

其结果是带来高得多的 Δv……如果核发动机真的进入了太空，那么情况确实会是这个样子。但事实是，1972 年美国国会突

1　它们真的只是科幻小说吗？在过去几年里，所谓的“无反作用的驱动”（reactionless drive）被宣传得广为人知，无燃料推进器 EmDrive 就是其中最著名的例子。这种无燃料推进器似乎确实规避了已知的物理定律。大多数科学家仍然对这种主张深表怀疑，但这一问题还没有定论，本书的最后一章会做更多说明。

然取消了这个项目。之所以取消，主要基于政治原因，而不是任何技术上的缺陷。本章前面曾提到过的科幻小说作家杰里·波奈尔就反对取消该项目。他用下面的语言表达了对美国国会这一决定的不赞成：

> 纽约州一年里花在唇膏上的钱都比核发动机计划花的钱要多，任何一个中等规模的州的酒行业的年销售额也都超过了核发动机计划全程耗费的成本，但他们不会把纳税人的钱“浪费”在像探索太空这样“愚蠢”的事上，那可真是很“好”呢。

核火箭和传统的化学火箭有一个共同点，即都利用热能将推进剂加速到所需的排气速度。另一个选择是用电磁能来替代。如果使用电磁能，推进剂就不能是普通气体，因为气体是电中性的，不受电场或磁场的影响。电磁火箭使用的是一种被称为“等离子体”（Plasma）的特殊物体，组成这种物体的是正离子、自由电子，是物质的高温电离状态，不带电，导电性很强，被视为物质存在的第四态。离子发动机需要两种技术：第一种技术是将特殊气体（如氙气）转换成等离子体，第二种技术是将等离子体加速到合适的速度，形成高速离子流。

这两者可以通过不同的方式实现，其中最简单的设计就是采用离子推进器。美国国家航空航天局在好几个航天器中都用到了这种设计，包括2007年开展的“黎明号”任务（Dawn mission）。“黎明号”的目的地是火星和木星间的小行星带，那里分布着逾百万颗大小不一的太空岩石。“黎明号”的第一站是灶神星（Vesta），灶神星曾是该区域内直径超过500千米的第二大的小行星。2011年“黎明号”到达灶神星后，花了一年的时间在轨道上拍摄照片、进行科学测量，然后才再次起航。它的下一个目标是谷神星（Ceres），谷神星曾被认为是小行星带中最大的一颗小行星。2015年，“黎明号”成功入轨。谷神星的大小几乎是灶神星的两倍，形状更接近球形，看起来不像是一块巨石，更像是一颗微型行星。实际上，谷神星并不是小行星，它和冥王星一样，已被正式归类为“矮行星”。

如果“黎明号”配备的是传统的火箭推进器，那人们可能连想都不敢想这样高难度的行程，但高科技的离子推进器让一切变成了可能。“黎明号”的基本动力源不是化学燃料，而是太阳能，由两个长8.3米、宽2.3米的太阳能电池阵列提供能量。电能将氙气推进剂转化为带正电荷的离子，然后用强电场将离子加速喷出，产生速度超过30千米每秒的高速离子流，这个速度是化学火箭排气速度的10倍。不过，离子发动机的推力很小，只有90毫牛顿，不会产生巨大的加速度。但这个推力可以保持更长的时间，最终仍然能够产生所需要的 Δv。

当然，“黎明号”使用的“龟兔赛跑”式离子推进器完全不适用于载人航天任务。“黎明号”是机器人，拥有无穷无尽的耐心，不必操心要带足够的食物、空气和水来执行长达10年的任务。人就不一样了。幸好，离子推进器还有其他变体，可能更适用于载人航天器。安迪·韦尔的小说《火星救援》中就虚构了一

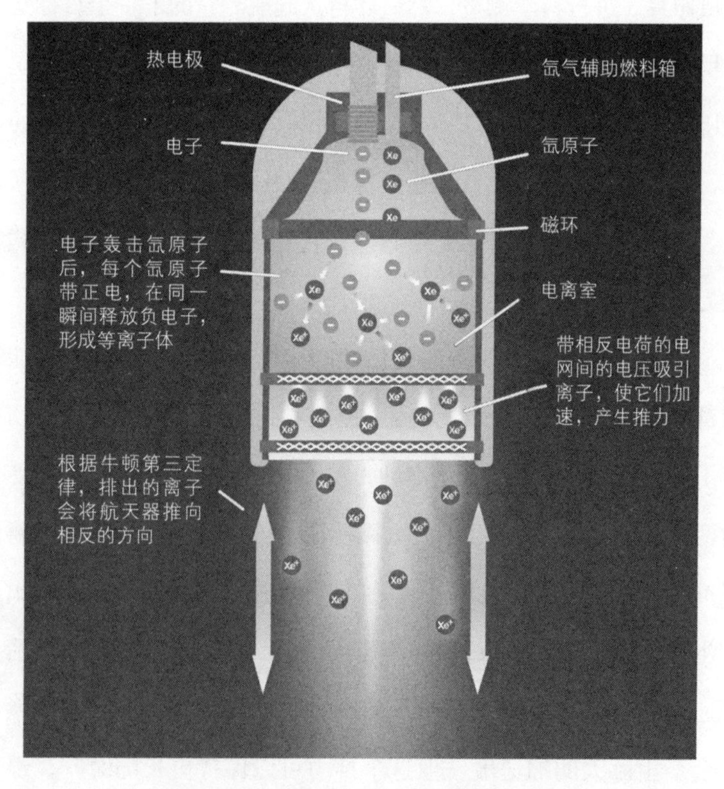

“黎明号”航天器使用的离子推进器示意图。
（美国国家航空航天局图片）

个这样的设计。虽然他没有详细介绍，但其中的发动机似乎是以可变比冲磁等离子体火箭为基础的。多年前，美国国家航空航天局前宇航员张福林（Franklin Chang）就十分推崇这样的设计。可变比冲磁等离子体火箭使用无线电波产生热的等离子体，利用磁场，而不是电场，将等离子体加速到合适的速度。虽然可变比冲磁等离子体火箭的发动机尚未真正飞入太空，但它的地面测试已经完成。可变比冲磁等离子体火箭的推力处在化学火箭的高推力和离子推进器的低推力之间，能够产生几千牛顿的推力，保持数月甚至数年的时间。

可变比冲磁等离子体火箭发动机的能量从何而来？《火星救援》给出的答案是核反应堆。这是核能在太空中的另一种运用——“核电推进”（Nuclear Electric Propulsion），和核火箭的核热推进不一样。核电推进是美国国家航空航天局的火星计划正在考虑的一种选择，但受到与核相关的社会、政治消极因素的影响，它被选中的希望并不大。

事实上，一些小型核反应堆已经被送入了太空，它们主要是由苏联发射的，但这些核反应堆只是为了给卫星系统提供电能，并没有用于提供推力。你可能会把这个东西和另一种常见的太空技术——放射性同位素热电机（Radioisotope Thermal Generator，RTG）技术混淆。当太阳能电池板这个选择变得不切实际时，美国国家航空航天局经常会把放射性同位素热电机技术用作一种便捷的发电方式。放射性同位素热电机并不是一个核反应堆，但它使用的确实是具有高放射性的钚的同位素，因此它也会引发同样的环境问题。除了放射性以外，不稳定的同位素还会产生相当多的热量。放射性同位素热电机就利用这种自然过程将热能转换为电能。美国国家航空航天局已经在火星表面放置了 3 个包含放射性同位素热电机的探测器：20 世纪 70 年代的两个“海盗号”（Viking）火星探测器和“好奇号”火星车。这表明，将核系统发射到太空完全是可行的。只不过在执行载人火星任务时，将这个想法当作 B 计划，会让大多数人更加高兴。

绕远路

沿着轨道飞行的航天器依然受地球引力的束缚。航天器只有达到逃逸速度，在轨道速度之上大约再增加 3 千米每秒的 Δv，才能摆脱这种引力。之后，航天器才能前往火星。

到达火星的最快方式是什么呢？下面这种如何？每隔几年，当火星靠近冲相点时，是我们的最佳时机。此时，火星距离地球可能只有 6 000 万千米。如果航天器朝着正确的方向平稳地飞出去，我们应该很快就能到达火星。如果我们达到了 15 千米每秒的逃逸速度，前往火星的旅程应该只需要 400 万秒左右，也就是不到 7 周的时间。按照太空飞行的标准来看，这已经很快了。

可惜事情并没有这么简单。你用尽全力才达到的逃逸速度只是相对地球而言的。地球以 30 千米每秒的速度绕太阳运行，方向和你前往火星的方向完全垂直。不管你情不情愿，即使你不再受地球引力的束缚，你也会继续这个动作。如果要走直线到达火星，那你要先失去 30 千米每秒的速度。等你开始靠近红色星球时，你又会发现自己朝着错误的方向飞走了。因为火星以 24 千米每秒的速度绕太阳运行，方向再次和你的飞行方向垂直。要抵达火星，你就必须要和它配速。总的来说，这种去火星的方式需要一个大到荒谬的 Δv。

如果不能通过直线飞行到达火星，那要怎么去呢？我们正在讨论的可是火箭科学，答案往往都和直觉截然相反。绕远路才是最容易到达火星的方法。

1935 年，德国科学家沃尔特·霍曼（Walter Hohmann）想出了一种聪明的法子，可以用最少的能量从一条行星轨道飞入另一条行星轨道。他想出的这种路线现在被称为“霍曼转移轨道”（Hohmann Transfer Orbit）。大多数行星际太空任务使用的路线都和它近似。例如，如果要从地球飞到火星，你要先沿着太阳周围的椭圆轨道运行，这条轨道的近日点在地球（你的起点），远日点在火星（你的目的地）。在后页的示意图中，你会看到：从起点开

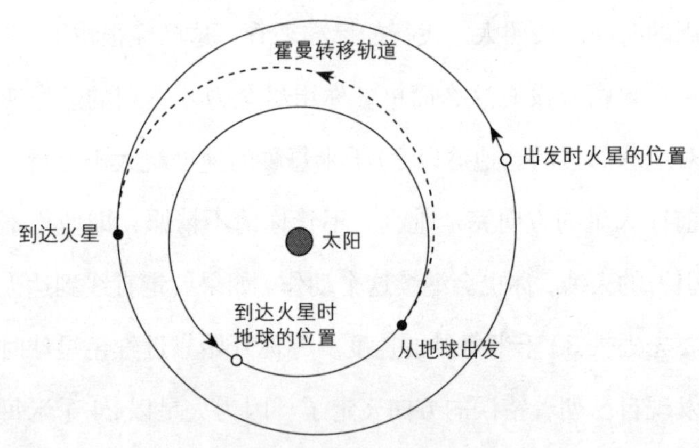

利用霍曼转移轨道到达火星的示意图。

始，当你到达火星时，火星相对于太阳的位置较之出发时火星的位置而言，在太阳的另一侧。这个过程看起来好像需要大量的燃料，但其实不然。请你记住，你总是相对于地球飞行，因此地球的自然运动，它绕太阳运行的公转轨道会帮助你完成大部分的困难工作。

沿霍曼转移轨道前往火星只需要很少的 Δv。根据精确的几何学计算，到达火星轨道只需要 8 个月时间。当然，你需要的不仅是到达火星轨道，你还要到达轨道上的那个特定点，在你到达这一点时火星也恰好在这里。为了确保这种情况的发生，你的计时必须完全正确。合适的发射窗口相对来说比较少见，每两年零两个月才会出现一次，通常只持续几天时间。

载人火星任务还要考虑另一个重要因素：如何回到地球。我们主要有两种选择，分别被任务的策划者称为冲相任务和合相任务。二者主要在两个重要的方面有所不同：使用能量的多少和返回地球前宇航员在火星上停留时间的长短。

停留时间较长的选项在出发和返程时都使用标准的霍曼转移轨道。这些轨道有一个共同的特征，在出发时地球和火星在太阳的这一侧，到达时却位于太阳的另一侧。所以，根据我们前面描述的反直觉逻辑，这个选项被称为合相任务。宇航员必须等待返程的霍曼窗口，只能在火星或其周围轨道上再停留约16个月时间。和另一个选项相比，它有以下优点：需要的能量最少，往返所需的总 Δv（在地球逃逸速度之外）大约为8千米每秒。但它的缺点在于，宇航员必须借助所有的生存资源在太空中滞留很长时间，差不多要停留3年。

停留时间较短的另一选项是只在出发或返程中选择一程使用标准的霍曼转移轨道，在另一程使用不同的轨道。另一程使用的轨道差不多是两个霍曼转移轨道，一个在火星和金星轨道之间，另一个在金星和地球轨道之间。走这条路线的话，最终到达时，火星和地球仍然位于太阳的同一侧，因此被称为冲相任务。这条路线看似不必要地绕了路，但它能把宇航员在火星上停留的时间缩短到30天，让远离地球的总时间只有18个月左右。但这也是有代价的：总 Δv 可能比合相任务还要再多12千米每秒。

虽然《火星救援》中并没有明确说明，但它描绘的“阿瑞斯

3 号”计划实施的一定是冲相任务。这就意味着，火星上的 6 天（或电影版本中的 18 天）任务中止后，宇航员可以直接返回地球。如果在如此短暂的驻留时间后中止一次合相任务，那么宇航员要被迫留在火星轨道上一年多的时间，才能有机会返航。

如果在航天器到达火星之前就必须中止这项任务，又该怎么办呢？霍曼转移轨道的性质决定了它是没有回头路可走的。即使是发生了紧急情况，航天器飞离地球才几个星期，那也没有办法回头。就像“阿波罗 13 号”的宇航员一样，他们必须一路到达目的地，绕月球旋转（如果是火星任务，那就是绕着火星旋转，而不是绕着月球旋转），然后再沿轨道回到地球。有些人甚至提出可以顺路飞过火星，权当是“去过火星”了，就像是完成了人生目标清单上的一件事，但他们不会在火星着陆，也不会执行任何真正的科学任务。

大多数人都会觉得，如果你不打算花点时间在火星上转转，那么火星之旅就完全没有必要。这又引发了一大堆新的问题。

登陆火星

进入环绕火星的轨道大约需要 2 千米每秒的 Δv，但并非所有的 Δv 都必须来自航天器的发动机。如果航天器从足够接近火星的地方掠过，它可以从火星大气的制动作用中免费获得一些必

要的 Δv。这种策略被称为“大气俘获”（Aerocapture，或称大气辅助俘获），但尚未应用于实践。主要是因为迄今为止发送到火星的轨道器的尺寸并不需要这么大的 Δv。它们只需要适量的燃料就可以利用自身提供的动力获得必要的 Δv。不过，这种轨道器常常利用一种被称为“大气制动”（Aerobraking）的相关技术，从更高的椭圆轨道切换到更低、更偏向圆形的轨道上去。

到达合适的轨道之后，下一步才是最为棘手的：再入、下降和着陆，通常简称为 EDL（Entry，Descent and Landing）。如果是载人任务，宇航员就要转移到一个小的、可拆卸的航天器中，相当于火星版的“阿波罗”飞船登月舱。但两者之间有一个重要的区别：登月舱在单个运载工具内就有用于下降和上升的分级火箭，足以应对月球的微弱引力。但同样的办法在火星就不起作用了，因为火星的逃逸速度是月球逃逸速度的两倍。受这个原因影响，现在大多数火星计划中都包括一个火星上升载具，在宇航员到达之前就在火星表面提前部署好。下降载具只需要自行降落到火星表面就可以了。当然，它必须非常准确地降落，保证宇航员能够步行前往使用上升载具和所有其他预先部署好的设备。

相比登月而言，登陆火星更像是从太空返回地球。登陆月球时周围没有大气，下降阶段完全可以用反方向作用的火箭发动机来控制。通常，火箭的目的是让物体加速，但在这种情况下，使用火箭的目的恰恰相反，是要降低着陆器的速度。用于这种目的的火箭有时会被称为“制动火箭”（Retro-Rocket）。

如果航天器想要以登月舱登陆月球的方式降落到地球上，那么它飞不了多远就会在高层大气中燃烧殆尽。这并不是因为高层大气是一个多么凶险、炙热的地方，而是因为进入大气的航天器速度太快，与空气摩擦会产生大量的热量。返回地球的航天器必须顺着空气动力学来，不能和它反着来。这些空气阻力可以被转换成热量，降低航天器的大部分速度，然后用精心设计的隔热罩消散这些热量。航天飞机重新进入大气层后，可以利用机翼受到的向上的空气压力，有控制地滑行通过大气层。像“联盟号”这样更小一些的飞船可以利用减速伞来减缓坠落的速度，在触地前，小型制动火箭开启一秒左右，以减轻撞击力（冲击力）。

登陆火星就更是难上加难。火星上也有大气层，虽然不是很厚，但足以摩擦生热了。因此，登陆月球用的那种只有火箭的系统是行不通的。而且，火星大气层比地球大气层要稀薄得多，很难借助空气阻力或是减速伞将着陆器带到预期的着陆地点。过去40年里，机器人着陆器尝试了各种不同的方案：大气制动、减速伞、制动火箭……还有一些别的新办法。但可以肯定的是，它们并不总是能奏效。

3

火星机器人

►►►

火星探索五十载

1976 年 7 月 20 日，正好是“阿波罗 11 号”成功登月 7 周年的日子。这一天，美国国家航空航天局的“海盗 1 号”着陆器在火星轨道上脱离轨道器。接下来的 3 小时里，它穿过稀薄的火星大气层，于 11 时 53 分（格林尼治标准时间）降落在红色星球的表面。这是人类历史上第一艘登陆火星且完好无损的航天器。

但“海盗 1 号”上并没有宇航员，它只是一个机器人。按照 20 世纪 70 年代的标准，“海盗 1 号”已经是一个非常复杂的机器人了。亚瑟·查尔斯·克拉克评价说，这是“一个令人难以置信的科技杰作（tour de force），在区区饼干罐大小的空间内竟然有 4 万个组件”。完整的“海盗 1 号”航天器包括轨道器和着陆器，总质量将近 3 吨，超越了当时所有的载人航天器。在这个航天器有多重，耗资就有多大的领域里，机器人主导了过去半个世纪的行星际太空飞行。

第一个到过火星的机器人探测器是美国国家航空航天局的“水手 4 号”（Mariner 4）。但它没有登陆，也没有进入火星轨道，它只是飞掠过火星，拍了几张照片而已。“水手 4 号”重 260 千克，于 1964 年 11 月使用二级运载火箭发射升空。第一级火箭和第二级火箭的第一阶段燃烧负责将航天器送入地球轨道，第二级火箭第二阶段的燃烧则负责将航天器送入地球—火星转移轨道。虽然航天器的质量和运载火箭的威力都与日俱增，但后续所有的火星任务都是通过差不多的方法发射升空的。

将机器人送到火星，问题只解决了一半。畅通的双向通信链路也很重要，只有这样探测器才能将图像和其他数据传回地球，地面控制器才能给航天器发送指令。到“水手4号”发射升空之时，美国国家航空航天局已经建立了深空网络（Deep Space Network，DSN）。早期的深空网络由3个大型无线电通信设施组成，大致间隔120度经度分布在地球上的3个站点，澳大利亚有一个，南非有一个，加利福尼亚州的戈德斯通（Goldstone）有一个。得益于这个覆盖全球的测控通信系统，只要行星际航天器与地球之间存在清晰的视线关系（line of sight）[1]，美国国家航空航天局就可以和航天器保持联系。直到今天，这一基本网络仍在使用，只是设备已经进行了升级，地点也发生了改变——20世纪70年代，南非站被西班牙马德里附近的一个站点取代。

1965年7月15日，“水手4号”距离火星最近，还不到10 000

1 “视线关系”指传感器网络的两个节点之间没有障碍物，能够实现直接通信。——译者注千米。受飞行速度的影响，“水手 4 号”拍摄火星的黄金时间只有 26 分钟，在此期间它只拍到了 21 张照片。将这些照片传回地球需要很长的时间。当时的技术只能达到 8.3 比特每秒的数据传输速度，传送一张照片就需要 8 个多小时。而且，航天器还有其他的事情要做，数据传输还会中断。最后，所有图像和数据总共花了 18 天时间才传回了地球。

虽然“水手 4 号”只是在火星附近飞掠观察了几十分钟时间，也没有配备多少仪器，但它破除了火星适宜居住、类似地球的神话。它确认火星大气层要更加稀薄，地表温度比科学家们以为的还要低。“水手 4 号”看到的火星比实际的火星更令人沮丧。因为它拍的那些特写图片十分碰巧地集中在火星上一个相当不典型的区域，那里像月球表面一样，到处都是陨石坑。

从编号可以看出，“水手 4 号”只是更大型行星际任务的一部分。20 世纪 60 年代，除了几次去金星的飞行任务之外，还有另外两次火星飞行任务，包括 1969 年发射的“水手 6 号”和“水手 7 号”。但和“水手 4 号”相比，这些任务并没有告诉科学家们更多东西。人们还需要更长的观测时间，需要能执行轨道任务的航天器，那就是 1971 年正式发射升空的“水手 9 号”。这一年是探测火星的大好时机，霍曼发射窗口恰好位于火星的近日点，这种情况大概 16 年才会出现一次。此时的霍曼转移轨道最短，航天器能更快到达目的地。更好的是，在燃料数量不变的情况下，航天器可以携带更大的有效载荷。“水手 9 号”重约 1 吨，配备了很多科学仪器，比之前的航天器更大也更复杂。

不幸的是，“水手 9 号”在最糟糕的时间到达了火星。一场巨大的沙尘暴吞没了整颗星球，风暴彻底遮住了火星地面。1971 年 11 月，“水手 9 号”机器人探测器到达轨道之后，不得不在轨道上等待更好的时机，到第二年的 1 月才开始拍照。但等待是值得的，它拍的这些照片首次呈现了地球之外一个真正壮观的世界。“水手 9 号”在 9 个月的时间内总计拍摄了 7 000 多张照片，数据大小总计 54 兆比特。这些照片取景覆盖了火星表面 85% 的地方，分辨率达到了 100 米，充分展示了火星上令人叹为观止的地形特征，如奥林帕斯山和水手号峡谷。

苏联在 1971 年的发射窗口期间也发射了两个大型探测器，“火星 2 号”和“火星 3 号”，每个探测器都包括一个轨道器和一个着陆器。苏联计划用轨道器来为着陆器寻找合适的着陆地点。可惜火星全球范围内的沙尘暴让这个想法付诸东流，着陆器只能盲降。第一个着陆器不幸坠毁，第二个似乎成功落地了，但落地没一会儿，它的无线电通信就断掉了。

首批成功着陆火星的，是 1976 年美国国家航空航天局的“海盗 1 号”和“海盗 2 号”。这两个复杂的航天器采用了和苏联此前发射的航天器类似的概念，各自由一个轨道器和一个着陆器组成。轨道器负责拍摄火星表面，寻找合适的着陆地点。着陆器借助符合空气动力学减速外形设计的隔热罩进入火星大气层后，在大约 4.4 千米的海拔高度开启减速伞。火星大气层比较稀薄，减速伞只能让航天器的速度从 300 米每秒减到大约 60 米每秒。这个速度对想要安全落地的航天器来说还是太快了。因此，在 1.2 千米的高度，着陆器的终端降落发动机会开始工作，将落地时的降落速度减到只有 2 米每秒。这种终端降落发动机和“阿波罗”飞船登月舱的降落发动机差不多。

“海盗 1 号”和“海盗 2 号”成功登陆火星后，从火星表面传回了大约 10 000 张图像。数据传输有两种路径：一种是从着陆器直接传送到地球上的深空网络，一种是通过“海盗号”的轨道器传递数据。后者的数据传输速度虽然更快，但只能在轨道器恰好处于着陆器上方时使用。

“海盗 1 号”和“海盗 2 号”虽然取得了成功，但它们有一个很大的缺点——耗资巨大。大概就是这个原因，之后 20 年美国国家航空航天局都没有再次登陆火星。过了很久，再次登陆火星的也都是一些成本较低的航天器。1976 年，“海盗号”任务花了 20 亿美元；1997 年，“火星探路者号”（Mars Pathfinder，以下简称“探路者号”）的预算只有“海盗号”任务预算的十分之一

（考虑到通货膨胀的话，这点经费就更少了）。

“海盗号”整体设计都十分精巧，“探路者号”却只是力求“保持简洁”（Keep It Simple）。它比“海盗号”更小，质量只有 270 千克，而“海盗号”有 570 千克，因为“探路者号”只是一个着陆器，并不包含轨道器。虽然此前的大多数航天器都配备了一个轨道器，但如果航天器的实际目标只是降落在火星表面上的话，牺牲一些非常复杂的计算，从霍曼转移轨道直接切换到着陆轨道的过程就会更简单，费用也更便宜。

此外，“探路者号”还省去了“海盗号”上复杂的降落发动机。和“海盗号”一样，“探路者号”下降的第一阶段使用减速伞将着陆器减速到 60 米每秒左右。从这一点开始，“探路者号”的降落方式就和之前的航天器不一样了。在距离地面只有 100 米左右的地方，3 个简单的火箭辅助减速（Rocket-Assisted Deceleration，RAD）发动机开始运转，在几秒钟内将降落速度减到 14 米每秒。这个速度比“海盗号”2 米每秒的降落速度要大得多，相当于一场非常严重的车祸，重力超过了 18*g*。要在这样快的速度下实现安全着陆，“探路者号”会在落地前的最后一刻给自己裹上安全气囊，以一种可能不太好看的新方式降落在另一颗星球上。航天器至少要在地面大幅弹跳十几次，之后才能在距离初始触地位置约 1 000 米的地方停下来。

撇开这种刻意的硬着陆方式不看，“探路者号”仍然算是取得了圆满成功。历史久远的它还在《火星救援》的小说和电影中扮演了重要的角色。主角马克·沃特尼（Mark Watney）修好了“探路者号”航天器，找到了与地球通信的办法。

《火星救援》中还出现了“探路者号”的微型火星漫游车——“索杰纳号”（Sojourner）。这个与众不同的名字来源于历史人物索杰纳·特鲁斯（Sojourner Truth），她是美国19世纪的一名民权运动者。一场命名比赛中，一名年轻学生提议用这个名字来命名火星漫游车。这种命名方法现在成了美国国家航空航天局命名漫游车的传统。“索杰纳号”很小，仅重10千克，长63厘米，但它自身配备有一套探测仪器、摄像头和太阳能电池板，可以在最远2千米的范围内与主着陆器通信。

漫游车在火星表面移动，带来了一个新问题——火星与地球之间的通信一直存在时间延迟。对静态着陆器来说可能不是什么问题，下达命令与执行命令之间的延迟虽然有点让人恼火，但通常还是可以解决的。控制漫游车四处移动就是另一回事了。更何况，我们还要考虑火星上“臭名昭著”的岩石地形。

无线电信号以光速传播，速度约为300 000千米每秒。地球和火星在各自的轨道上绕太阳转动，由此产生的时间延迟在近日点冲相时大概只有3分钟，远日点合相时则长达24分钟。1997

年“探路者号”降落火星时，地球与火星之间的距离约为1.9亿千米，两个方向的信号传输都需要10分35秒。也就是说，想要遥控驾驶“索杰纳号”是不可能的，要遥控在火星上移动的其他机器人也是不可能的。“索杰纳号”要么提前接收离散模块化的指令，然后独自执行指令，要么就只能全靠自主操作。

2004年1月，美国国家航空航天局的又一批火星漫游车——“勇气号”（Spirit）和“机遇号”（Opportunity）抵达火星。它们更正式的名称是火星探测漫游车A和B。“勇气号”和“机遇号”各重180千克，长1.6米，比“索杰纳号”要大得多。这两个漫游车都不用依靠独立的静态着陆器。它们自带的大型太阳能电池板能为它们提供动力。这两个火星漫游车的任务预计持续90个火星太阳日，但它们会尽量延长任务时间。“勇气号”工作了6年多，在系统出故障之前在火星上的行进里程约为7.7千米，传回了超过120 000张图像。2017年初，表现更好的“机遇号”仍在有效运作，行进里程数已经超过了40千米。[1]

“勇气号”“机遇号”降落火星，使用的是和“探路者号”一样的“减速伞—火箭辅助减速—安全气囊”系统。虽然这一系

1 2019年2月，由于始终无法与“机遇号”取得联系，美国国家航空航天局正式宣布结束其探测使命，“机遇号”在火星上运作了15年。——编者注

统廉价可靠，但它无法用于更大或更精细的有效载荷。它也许可以用来为载人航天任务运送物资和轻型设备，但肯定不适合用来运送宇航员。

2012年8月6日，美国国家航空航天局的第四辆火星车——“好奇号”登陆火星，采用了更温和也更复杂的技术。“好奇号”将近1吨重，约3米长，大小相当于一辆小汽车。它采用了当时最先进的“再入—下降—着陆”系统，采用“海盗号”的完全动力降落方式，但在其中增加了一些变化，如下图所示。

“好奇号”火星车的“再入—下降—着陆”过程示意图。
（美国国家航空航天局图片）

和通常情况一样，“好奇号”被包裹在隔热罩中进入火星大气层，但它的减速伞和隔热罩比之前发射到火星的任何东西都要大。事实上，它比载着3名宇航员从月球返回地球的“阿波罗11号”飞船的指令舱还要大一点。“好奇号”和早期火星任务不同，它在10千米高度开启减速伞之前，会先进行一系列的侧飞翻转，利用空气动力学，像航天飞机一样实现受控降落。

“好奇号”还有一个地方和之前的飞行任务不同：“好奇号”使用了一种向下感应的雷达，称为终端下降传感器，用来确定没有大型岩石和其他潜在危险的安全着陆地点。在海拔2千米的高度，下降速度减到大约100米每秒时，着陆器下降级的后壳和减速伞会自动分离，下降级的反推力发动机启动，让着陆器减速，悬停在20米高的地方。然后，“好奇号”就进入最后也是最离奇的着陆阶段。就像地球上的空中起重机（Skycrane Helicopter）一样，下降级会释放缆绳，悬吊着“好奇号”火星漫游车，让其慢慢地降落到地面。下降级检测到漫游车落地之后，就会切断缆绳，迅速飞离“好奇号”并坠毁。

“好奇号”的正式名称是“火星科学实验室”（Mars Science Laboratory），顾名思义，开展科学研究是“好奇号”的主要功能。“好奇号”飞行任务的主要目标是评估火星环境现在或过去（后者可能性更大）维持生命的能力。为此，“好奇号”配备了一整套高分辨率的相机、地质工具和化学仪器，以便收集和分析岩石样本。

“好奇号”不再使用早期火星漫游车用的太阳能电池板，而是由放射性同位素热电机提供动力。在前一章中我们提到，放射性同位素热电机并不是一个核反应堆，但它确实靠的是自然发生的“核反应”。也就是说，它的功率要大于相同大小的化学电池。“好奇号”的放射性同位素热电机中有约 5 千克的钚，能够产生 2 千瓦的热量，其中一些热量可以产生虹吸效应，被转换为电能。

和“勇气号”“机遇号”一样，“好奇号”在通信方面也有两种选择。它可以直接与地球联系，也可以通过美国国家航空航天局的某个轨道器传递信息，如“火星奥德赛号”（Mars Odyssey）或“火星勘测轨道器”。这两种方法都存在明显的时间延迟，不仅是因为火星和地球间的信息以光速进行传输，也是因为带宽的限制，而且要等到发射器和接收器之间存在清晰的视线关系才能传输数据。受时间延迟的影响，地球上的控制中心完全没办法远程操纵“好奇号”。漫游车每个火星日的活动都必须提前规划好，在每个火星日开始时一次性、批量发送指令。漫游车在火星上自行执行既定的移动路线、实验和其他活动，然后在当个火星日结束时将数据传回。

迷失在太空

“水手 4 号”之后的半个世纪里，探测火星的任务似乎进展得非常缓慢。原因有很多：火星之旅的成本高；政治优先事项在不断变化；发射窗口的出现时机短暂又不频繁；行程时间长达数月，而非数天。最重要的是，火星魔咒（Mars Curse）的存在。飞往红色星球的航天器常常会迷失在太空中，实在是很难不让人觉得沮丧。美国国家航空航天局网站列出了43个火星任务，其中苏联在1960年至1988年发射了至少17个航天器，没有一个可以称得上是成功的：有4个航天器未能到达地球轨道；3个未能离开地球轨道，进入火星轨道；另外还有4个是在前往火星的途中失踪的；其他6个轨道器或着陆器虽然成功地进入了环绕火星的轨道，但却因某种原因未能执行指定的任务。苏联最接近成功的一次任务是1971年的“火星3号”，着陆器落地后信息不过才传输了几秒钟就发生了故障。与之配套的轨道器表现得好一些，持续传回了8个月的数据，但传回的信息都无法和“水手9号”同时期拍摄的壮观图像相提并论。

苏联时代结束后，俄罗斯尝试进行了两次火星任务：1996年的“火星96号”轨道器-着陆器组合和2011年的“火卫一-土壤号”（Phobos-Grunt）[1]。后者的目标很远大，是要从火星的卫星火卫一上收集岩石样本（grunt是俄语，表示“土壤”），将它送回地球。但由于火箭发动机出了问题，这些航天器都没能飞出地

1 又译作“福布斯-土壤号”。——编者注

球轨道。故障产生的原因到底是硬件故障还是软件错误，并不是很清楚。在“火卫一--土壤号”的案例中，官方的调查报告将其归咎于劣质的工程设计：“零件廉价，设计存在缺陷，未进行飞行前的测试。”

美国国家航空航天局的总体成绩虽然要好得多，但也不乏失败的案例。在 20 个美国火星任务中，有 5 个以失败告终。其中 2 个是早期的“水手号”，另外 3 个发生在 20 世纪 90 年代，包括“火星观察者号”（Mars Observer）、“火星气候探测器”（Mars Climate Orbiter）和“火星极地号”（Mars Polar）。由于运载火箭出了问题，5 个失败的任务中有 1 个，即 1971 年的“水手 8 号”，甚至都没能飞入地球轨道。其他失败任务的问题发生在前往火星的途中或是抵达火星之后，似乎都是由航天器本身的设计缺陷造成的。1999 年发射的“火星气候探测器”是火星探测器史上，更是整个太空探测飞行历史中，最出名的一次差错。事后调查委员会发现，“航天器失败的根本原因在于，轨道模型的地面软件文件使用的不是公制单位”。也就是说，软件工程师没有用“牛顿”，而是用了“磅”来衡量火箭的推力。

英国读者记忆中火星探测史上最出名的失败案例是“小猎犬 2 号”（Beagle 2），它是由英国开放大学（Open University）讲师科林·皮林格（Colin Pillinger）设计的超低预算着陆器。“小猎犬2号”被认为是一个具有开创性的项目，这并不是因为它的科学目标或是工程设计有多少开创性，而是因为它的商业模式具有开创性。在它之前的太空探索都依赖政府投入大量的资金。但英国政府没什么兴趣注资，皮林格不得不转而寻求大量的私人投资。最后，“小猎犬2号”项目有超过一半的资金来源于政府之外，这证明太空探索和民营企业是可以结合在一起的。“小猎犬2号”并不是一套非常昂贵的设备，它的成本估计只有4 500万英镑，只有美国国家航空航天局“好奇号”漫游车成本的百分之几。

“小猎犬2号”搭乘欧洲航天局（European Space Agency，ESA）“火星快车号”（Mars Express）的“顺风车”前往火星。“火星快车号”于2003年6月发射，主要负责运送一个配备有科学仪器的轨道器，该轨道器在同年的圣诞节成功进入火星轨道。与此同时，重约33千克的“小猎犬2号”着陆器脱离主航天器，向火星表面飞去……然后就没有任何消息了。12年过去了，它的命运仍然是一个谜。直到后来，美国国家航空航天局的“火星勘测轨道器”拍到了“小猎犬2号”在火星表面的照片[1]。让很多人感到惊讶的是，此时的“小猎犬2号”外观仍然是完整的，只是好像有一块太阳能电池板挡住了用于无线通信的天线，阻断了它和地

1 2015年11月16日，英国航天局局长大卫·帕克尔证实，已失联12年之久的“小猎犬2号”火星探测器已经找到。——编者注

球的通信。

我们并不清楚“小猎犬 2 号”的失败是不是主要缘于成本的削减，这似乎也不是没有可能。通常来讲，投入太空任务的大笔资金不仅要购买硬件，还要给设计师、任务规划人员和软件工程师付薪水，要提供所有必要的地面支持、测试和评估活动经费。试图降低成本可能会削减那些看似可有可无但事实证明确实必不可少的环节。这就是苏联人总结的“火卫一-土壤号”失败的原因之一，可能也可以用来解释“小猎犬 2 号”的失败。“小猎犬 2 号”的失利严重削弱了英国的民族自豪感，也影响了整个欧洲的民族自豪感。足足 13 年之后，欧洲航天局才第二次尝试登陆火星的任务。这次任务采用了完全不同类型的运载工具——“斯基亚帕雷利号”。这个名称是为了致敬 19 世纪“发现火星运河”的乔瓦尼·斯基亚帕雷利。它主要用于测试一系列复杂的“再入—下降—着陆”流程，和美国国家航空航天局于 20 世纪 70 年代在“海盗号”上用到的流程类似。“斯基亚帕雷利号”的有效载荷很小，电池是它唯一的能量源，只能维持几天时间。这也没什么，因为它的主要目的是要证明欧洲航天局知道如何让航天器登陆火星。

2016 年 10 月 19 日，“斯基亚帕雷利号”开始执行降落到火星的任务。和 40 年前的“海盗号”一样，它先用减速伞减速，然后利用制动火箭让航天器实现精确着陆。遗憾的是，“斯基亚帕雷利号”在自身还处于火星大气层几千米高的地方时，控制软件似乎就判定达到了降落的安全条件，航天器的发动机熄火，一路掉了下去。当然，这也是登陆火星的一种方式，但肯定不是欧洲航天局想要的那种方式。

这些失败对未来的载人火星任务有什么启示呢？统计数据显示，如果经验丰富的团队以前做过某件事情，他们在此基础上再次进行任务时，成功的概率最大。1999 年以来，美国国家航空航天局一次都没有失败过，“勇气号”和“机遇号”等任务的完成度还大大超出了预期。和同一时期俄罗斯、欧洲的失败形成了鲜明的对比。

后来加入火星探测的团队，一定会对这些统计数据感到沮丧。但其中也有一个引人注目的成功案例：印度空间研究组织（Indian Space Research Organisation，ISRO）的第一个行星际任务，“曼加里安号”火星轨道器（Mangalyaan Mars Orbiter）就取得了巨大的成功。它于 2014 年 9 月抵达火星轨道，两年后仍在完全正常运行。这是连美国国家航空航天局工程师打造的首个火星轨道器——“水手 9 号”都没有做到的事情。

人能做什么？

在过去 20 年间的每个发射窗口，我们都至少向火星发射了一个机器人探测器（2009 年是唯一的例外），这种趋势很可能会在可预见的未来一直继续下去。美国国家航空航天局在 2018 年发射了一个小型着陆器（“洞察号”）之后，计划在 2020 年向火星发射另一个和“好奇号”大小差不多的漫游车，这个漫游车使用与“好奇号”相同的技术，但会实现不同的科学目标。2020 年，欧洲航天局将与俄罗斯国家航天集团公司携手，计划让“外火星号”（ExoMars）漫游车登陆火星，其大小和复杂程度都与美国国家航空航天局的“勇气号”“机遇号”相当。

根据当前（2017 年）的计划，2020 年将会有很多航天器前往火星，数量可能超越之前任何一个发射窗口的量。除了美国国家航空航天局和欧洲航天局之外，印度空间研究组织还计划发射“曼加里安号”火星轨道器的后续航天器，可能会包含一个小型着陆器和一辆漫游车。其他国家，包括中国和日本，也都致力于在 2020 年执行火星任务[1]，在考虑运用着陆器 / 漫游车和轨道器。中国已经有大型着陆器成功登月的经验——约重 3.7 吨的“嫦娥 3 号”探测器于 2013 年 12 月登陆月球。[2]

1 中国的首次火星探测任务被命名为“天问一号”，于 2020 年 7 月 23 日发射了“天问一号”探测器，它由一个轨道器和一辆火星车构成，要一次性完成“绕、落、巡”三大任务。——编者注

2 2019 年，“嫦娥 4 号”探测器成为人类首个实现在月球背面软着陆和巡视探测的航天器。——编者注

日本的“米洛斯号”（Melos）任务，同样是一个目标远大的太空任务。“米洛斯号”漫游车比“勇气号”和“机遇号”要小，但它利用“空中起重机”技术进行精确部署，这一点和体型更大的“好奇号”一样。“米洛斯号”首选的着陆地点位于火星的水手号峡谷内。它的设计方案中还包括了第一架火星飞机——无动力滑翔机，是可选的附加装置。该滑翔机翼展 1.2 米，质量 2.1 千克，可在着陆器下降到 5 千米的高度处使用。该滑翔机的飞行时间预计为 4 分钟，其间它将在火星表面滑行 25 千米，一路滑行，一路拍照。

在稀薄的火星大气层中驾驶飞机的想法已经产生有一段时间了。作为空气动力学设计中的一个问题，它的确具有挑战性，但也具有可能性：相当于在地球上 35 千米高空飞行。火星飞机的优点是它可以在短时间内飞出很远，拍摄无法以其他方式得到的详细照片。20 世纪 90 年代之后，美国国家航空航天局一直在考虑在火星上进行滑翔机任务的可能性，而且这一任务还不需要配备独立的软着陆器。滑翔机能够随减速伞一起下降，减速伞在合适的高度展开，设计精良的滑翔机可以在空中滑翔一个小时之久。它甚至还可以用太阳能供电，进一步延长滑翔的时间。尽管这些任务目前还未被纳入美国国家航空航天局的火星计划，但它们一定会在 21 世纪 20 年代的某个时间发生。

火星飞机的概念设计图。
（美国国家航空航天局图片）

有了静态着陆器、漫游车，甚至是火星飞机，如果机器人可以自己探索火星的话，人类真的还有必要亲自去那里吗？这个问题是太空科学的一大争论，公说公有理，婆说婆有理。机器人不必担心长途旅行的食物和生命支持问题，也不会因为这是一次单程旅行而感到困扰。单程旅行可以减小需要发射到火星的总质量。在太空旅行中，质量越低就意味着成本越低。除了金钱成本之外，机器人还有其他优势。载人任务可能只能在火星上待一个月的时间，肯定无法跟“机遇号”在火星上积极工作 13 年多的记录相比。只谈科学目标的话，机器人也比人类更有优势，但机器人也有局限性。

地球上的机器人载具分为两大类：自动驾驶类和远程驾驶类。后者和传统载具一样，有一个飞行员或驾驶员，只不过他们不坐在载具内，而是坐在别的地方。越来越多用于航空摄影的无人机就是一个众所周知的例子。由于时间延迟的关系，火星上永远不可能实现远程驾驶。自动机器人是唯一的替代方案。这里的“自动”并不是说这些机器人自己能思考，只是表示它有一个独立的计算机程序，装满了数以千计的“如果—那就”（if-then）条件指令，告诉它该做些什么。人们对这种技术的需求很大，它也正在不断得到改进。当然，改进这种技术不是为了火星探测器，而是为了从无人机到无人驾驶汽车的数十种民用、军用用途。未来的火星探测器就可以从这种技术的发展中获益。

总有些人类可以做到的事情，是机器人做不到的。例如，“好奇号”火星车拥有一系列用于化学分析的精密仪器，但它仍然无法替代地球实验室中穿着白大褂的技术人员。这个问题的解决方案仍然是机器人，用机器人将样本送回地球。20 世纪 70 年代，苏联在月球表面执行了 3 次这样的任务，但返回地球的样本最多也只有 170 克。这个质量和 1972 年“阿波罗”计划的最后一次任务所收集的 100 多千克样本相比，实在是微不足道。

没有人试过从火星送回一个样本，不过 2011 年的“火卫一-

土壤号”任务如果不失败的话，是可以从火卫一收集到一个样本的。月球的重力较小，采集样本的工作相对简单一些。日本小行星探测器“隼鸟号”（Hayabusa）于2005年成功完成了一次类似的任务，它收集了一颗小行星的岩石颗粒样本，在5年后将其送回了地球。但这颗小行星很小，自身的引力几乎不存在，航天器很容易降落、起飞。而火星的引力超过了地球引力的三分之一，从火星采集样本并送回地球就是另一回事了。

俄罗斯国家航天集团公司制订了一项名为“火星-土壤”（Mars-Grunt）的“火卫一-土壤号”后续计划。如果该计划获批，将在21世纪20年代发射升空。“火星-土壤”的规模较小，只有一个20千克重的小型着陆器。它将在着陆点收集几百克土壤，返回主航天器后在轨道上等待飞回地球。美国国家航空航天局正在考虑一项更为复杂的计划，不过也还没有得到正式批准。他们计划在之后几年内开展多项任务。首先，发射一辆漫游车收集、存储岩石样本，这可以通过计划于2020年发射的“好奇号”后续计划来实现。两年后的第二个任务将带着上升载具和自带的漫游车，降落在第一个漫游车附近，拿到样本后返回火星轨道。但这还没结束，还需要另一个航天器将样本从火星轨道带回地球。

这一系列任务乍听起来和载人任务一样复杂。但事实上，太空任务很可能不会突然从机器人过渡到载人任务，它只能逐步演变。样本返回任务可能就是一个过渡的中间选项。另一种选项是在火星表面使用机器人，让人类在火星轨道上控制它们。因为不需要地面居住舱和大型上升载具，载人任务得到了简化，避开了时间延迟的问题，能够对机器人进行实时操作，就像操作员坐在船上控制机器人潜艇那样。

这种方法与现有体系相比，具有巨大的潜在优势。其中漫游车会在每天开始时加载预先打包好的指令集。美国国家航空航天局前宇航员巴兹·奥尔德林（Buzz Aldrin）在 2013 年告诉英国广播公司（BBC）：“有一位项目经理负责在 5 年时间内用两台机器人完成任务，他说如果我们可以在附近，在火星轨道上，人为控制机器人的话，同样的工作只要一周时间就可以完成。”

俄罗斯提出的人机混合任务——“火星先导轨道站”（Mars Piloted Orbital Station，MARPOST）就属于这种类型。宇航员完成短期的冲相任务后，会在火星轨道上停留 30 天左右，在此期间他们将控制地面上的许多机器人。机器人收集到的一些样本将被送回轨道站，与宇航员一起返回地球。遗憾的是，“火星先导轨道站”的想法自 20 世纪 90 年代开始就有了，但一直没能得到资金支持。美国的洛克希德·马丁公司（Lockheed Martin）在 2016 年也曾有过类似的提案，被称为“火星大本营”（Mars Base Camp）计划。这个计划的提案中附有时间表，预计要到 2028 年这个计划才会具备可行性。

说到这里，我有一种似曾相识（déjà vu，法语）的感觉。想想人类探索火星的诸多提案，无论是 20 世纪 50 年代、70 年代、90 年代，还是现在，这些提案似乎总会预测在未来 10 ~ 12 年的时间里将有令人兴奋的表现。目前，这些提案可能还只是方案，这些乐观的预测一个都没能实现。这也许会让人们觉得很悲观，觉得这太难了，永远不会成真。但在 20 世纪 60 年代也有过类似的情况，而那时，“阿波罗”计划从开始到成功登月只花了不到 10 年的时间。

4

从一小步到大飞跃

▶▶▶

登月竞赛

> 我们认识到，苏联人凭借大型火箭发动机已经在这场比赛中获得了先机，可以在好多个月的时间里保持领先地位；我们也认识到，他们有可能在之后一段时间内利用这种领先的优势取得更大的成就，但我们自己仍然要付出新的努力。虽然我们暂时还没办法保证有一天一定会成为第一，但我们都知道，如果不为之努力，我们一定会成为最后一名。

这是1961年5月25日约翰·F. 肯尼迪（John F. Kennedy）总统在美国国会上的发言。6周前，苏联宇航员尤里·加加林（Yuri Gagarin）乘坐“东方1号”成功绕地球飞行，打败美国，赢得了这场谁先将宇航员送入太空的竞赛。虽然美国不久后也成功发射“水星3号”（Mercury 3），将宇航员艾伦·谢泼德（Alan Shepard）送入了太空，但那只是一次亚轨道飞行，飞行时间也要短很多。肯尼迪认识到了美国的落后，决心在下一场竞赛中取得胜利。下一场竞赛的目标也十分明确，就像他在国会的同一次讲话中提到的：

> 我认为，在这个10年结束之前，美国应该努力实现这个目标，将一名宇航员送上月球，再安全地送回地球。

肯尼迪的发言并不是突发奇想。他听取了美国国家航空航天局专家的意见，相信了他们可以在一定时间内成功登月的保证。当时的美国国家航空航天局已经计划好在“水星号”之后推出一种三座航天器，甚至连名字都想好了，就叫“阿波罗”。“阿波罗”飞船可以实现多种用途，但美国国家航空航天局此时所有的注意力都只集中在其中一个用途上——登月。肯尼迪设定的10年末这个最后期限很紧张，他们没有时间慢慢来。到1962年年中，人们已经就基本的任务架构达成了一致。

最终确定的“阿波罗”飞船由三个舱体组成，其中只有一个可以容纳两名宇航员的登月舱将登陆月球。这个登月舱包括两级，较低的一级是着陆器，配有下降发动机和着陆支架，另一级是上升器，配有一个加压的载人舱和上升发动机。三位宇航员往返月球的大部分旅程都会在更宽敞的指令舱里度过。一名宇航员将待在指令舱内，留在月球轨道上，而另外两名宇航员会下降到月球表面。指令舱不仅在最后要重新进入地球大气层，还要完成其他所有任务。它的后部连接的是一个无压力的服务舱，放着航天器的大部分支持设备和进出月球轨道所需的大型火箭发动机。

“阿波罗”飞船的总质量约为45吨，远远重于之前被送入地球轨道的任何东西，更不用说是要送到月球了。要让它离开地面，就要用到世界上最大的运载火箭，它的威力要比其他火箭大得多。负责将“阿波罗”飞船送到月球的“土星5号”高度超过

100 米，重达 3 000 吨。半个世纪过去了，“土星 5 号”仍然是迄今为止体型最大、威力最强的火箭。

“土星 5 号”基本上可以说是沃纳·冯·布劳恩（Wernher von Braun）一个人的心血之作，他比同时代的任何人都更确信，登月这个目标是可以实现的。他的这种远见至少可以追溯到 20 世纪 30 年代，当时纳粹还掌控着他的祖国——德国。“纳粹”出现在这里，并不是一个意外的细节，反而是“阿波罗”任务故事的关键部分。在一个善恶分明，喜欢将好人和坏人分得一清二楚的世界里，这也是一件令人感到不愉快的事情。但事实就是事实：沃纳·冯·布劳恩是一名纳粹分子。

冯·布劳恩设计的第一枚成功发射的火箭是 V-2，如果它直接向上发射，可以到达太空的边界。但它几乎从来没有直接向上发射过。在第二次世界大战的最后阶段，数千枚 V-2 火箭飞向了伦敦和安特卫普市，每枚 V-2 火箭上都装载了一吨烈性炸药。在没有任何预警的情况下，这些火箭以超音速的速度落到了地面上，成千上万名无辜群众因此丧生。如果我们把他当成一个无辜的科学家——他晚年也确实只是一个无辜的科学家——他研发的火箭被用于这样破坏性的目的，都是德国军队的错，这样想会让人好受一些。不过显然，无论 V-2 火箭是被用于何种用途，冯·布劳恩都对它充满了热情。他成了党卫军准军事组织的成员，职衔甚至升到了相当于军队少校（Sturmbannführer）的层级。而且他知道，在 V-2 火箭工厂里工作的都是奴隶劳工。

冯·布劳恩本来应该是要接受审判的一名战犯，但他逃过了这一劫。原因很简单，世界头号火箭科学家的价值实在是太大了。

沃纳·冯·布劳恩与“土星 5 号”的主发动机。
（美国国家航空航天局图片）

他把自己对德国军队的忠诚转移到了美国军队，最终和大多数德国同事一起，搬到了亚拉巴马州亨茨维尔（Huntsville，Alabama）的美国“火箭城”。20 世纪 50 年代早期，他在那里完成了红石弹道导弹（Redstone ballistic missile）的设计，其中一个版本于 1961 年 5 月将“水星 3 号”和艾伦 · 谢泼德送入了太空。此时，冯 · 布劳恩已经开始了土星系列运载火箭的研究，第一批火箭从一开始就被设计成了运载火箭，而非军用武器。

登月并不只是制订计划、生产必要硬件和执行飞行任务那么简单。在科幻小说中，你也许能侥幸成功，但在现实世界里是绝不可能的。其中有太多的未知数，太多以前从未做过的事情，太多把事情搞砸的方式。因此，美国国家航空航天局提出了一个全新的太空计划——“双子星座”计划（Project Gemini），专门用来测试登月需要的所有新技术和新程序。“双子星号”航天器本质上就是“水星号”太空舱的双座版本。在 1965 年 3 月至 1966 年 11 月进行的 10 次飞行中，“双子星号”被用来测试包括太空服、燃料电池、对接技术、轨道操作和宇航员在太空生活一周或更长时间的生存能力在内的所有内容。

美国国家航空航天局在 20 世纪 60 年代取得了闪电般的进步，这在航空航天界可以说是“前无古人”。当然，部分原因是美国政府正在向太空计划疯狂投钱，花钱花得就像没有明天一样。

美国国家航空航天局自己估计，1961 年至 1973 年总共花了约 200 亿美元。除此之外，还有另一个原因。美国人不只是要登月，他们还是在参加一场谁先登月的竞赛。那么，问题就来了，此时参加竞赛的另一方在做什么呢？

乍看起来，苏联人似乎在太空竞赛的早期阶段遥遥领先。他们可能没能让冯·布劳恩为他们工作，但他们也请了许多曾经从事 V-2 火箭研发工作的德国工程师、硬件和生产设施方面的工程师。这样的阵容已经足够为苏联的太空计划拉开序幕，一系列壮观的“第一次”登上了舞台：“东方 1 号”第一次将人类送入地球轨道；“东方 2 号”第一次让一名宇航员在太空中度过了一天多的时间；“东方 3 号”和“东方 4 号”第一次在太空中实现编队飞行；“东方 5 号”和“东方 6 号”是另一项编队飞行任务，其中“东方 6 号”第一次将女性成功送入太空；“东方号”的改良版，“上升 1 号”（Voskhod 1）将三名宇航员送入太空，第一次完成了多人航天任务；“上升 2 号”上虽然只有两名宇航员，但其中一名宇航员完成了全球第一次舱外活动（Extra-Vehicular Activity，EVA）……这些还只是到 1965 年 3 月之前的成就，距离尤里·加加林“东方 1 号”的首次飞行才过去不到 4 年的时间。

这些记录看起来很不错……但这只是冰山一角，表面下还隐藏着一个巨大的、半混乱的管理体制。和美国人不同，苏联人并没有明确的、有凝聚力的战略，去实现登月的目标或是去到太空中的其他地方。“东方号”和“上升号”的成就令人印象深刻，但它们都只是在前一次飞行的基础上前进了一小步，它们解决的问题是“接下来我们能做什么？”而不是“接下来我们要做什么？”

从历史的大环境来看，太空竞赛是苏美之间更大规模“冷战”的一个方面。但颇具讽刺意味的是，这两个国家开展太空竞赛的方式几乎与它们自己声称的意识形态截然相反。

20 世纪 60 年代的美国国家航空航天局等级森严，受政府管控，由政府资助，虽然各项工作完成得很好，但却没有灵魂。我们惊讶地发现，当时的苏联和美国没有半点相似之处。苏联的航天器和航天任务计划来自两个相互竞争的“设计局”，双方的领导都恃才傲物，他们的看法根本无法达成一致。从功能上讲，这两个设计局和民营企业一样。它们在苏联解体后也确实转型成了民营企业。

美国的航空航天公司开辟了生产线，满足政府和美国国家航空航天局的需要。而在世界的另一边，情况又不同了。苏联政府要优先处理更紧迫的事项，对太空竞赛采取了不干涉的态度，一切都让设计局自己做主。其中一个设计局和美国国家航空航天局一样想要尽快登月，而另一个设计局认为近期的焦点应该放在不会实际降落的绕月飞行上。苏联政府本身对月球并不是非常关注，它的注意力主要放在了经济生产力和军事力量上。就算苏联政府对太空有兴趣，那也是对如何让太空用于经济和军事等目的感兴趣。从这个角度来看，地球轨道上的大型空间站能够提供独特的战略视角，似乎比登月要更有吸引力。就是在这种连目标都冲突的背景下，“联盟号”飞船计划于 20 世纪 60 年代中期问世。它从一开始就是一个角色定位不明确的航天器，最终也就难以避免地被各方利益相关者往不同的方向拉扯。

事后看来，我们很难想象美国的情报部门会没能意识到苏联太空计划的这些动荡。

但在多疑的美国政府官员看来，任何与共产主义有关的事情都是一个更大、更紧迫的威胁。也许他们认为这种显而易见的混乱只是一个烟幕弹，目的是掩盖苏联登月任务的进度。无论是出于什么原因，美国国家航空航天局的火箭科学家们一直没能看清事情的真相，他们仍然相信自己正在和苏联人开展一场激烈的竞赛。这也给“阿波罗”计划的参与者带来了压倒性的紧迫感，并最终促成了它的成功……但这种紧迫感也是在“阿波罗”计划遭遇了第一次，也是最大的一次灾难之后才出现的。

第一次“阿波罗”飞船载人航天任务计划在完成几次自动化试飞后，于 1967 年 2 月开始指令舱和服务舱（Command and Service Modules，CSM）的初步测试。这次测试原计划载着三名宇航员飞入地球轨道。但事实上，它却连地球表面都没能离开。在实际飞行前一个月，航天器就被安装在了发射台上，宇航员在里面进行常规的地面测试。但在充满纯氧的舱内测试氧气的泄漏情况时，舱内气压竟然不是太空中本应采用的低压，甚至还高过了大气压。这是第一个错误。

参加过消防安全课程的人都知道，氧气是构成火三角[1]的一条边。另一条边是“可燃物”，指任何可以在氧气环境中燃烧的物质。航天器上有很多这样的东西，一方面是因为没有人想过要用防火材料去制造航天器，另一方面也是因为在这次地面测试中宇航员所在舱内有大量的文件。这是第二个错误。

火三角的第三条边是热量，即起火的点火源。一点电火花就可以充当点火源，而当时的“阿波罗”飞船舱内有足够多绝缘性很差的电气设备，出现这样的电火花不仅仅是一种可能性，在事后看来，反而变成了一种切实的确定性。这是美国国家航空航天局犯的第三个也是最后一个致命的错误。1967 年 1 月 27 日下午 6 时 31 分，“阿波罗 1 号”指令舱内的宇航员报告说舱内发生了火灾。不到一分钟，三名宇航员就都牺牲了。

这次火灾是美国国家航空航天局历史上遭受的最大冲击。从

1 火三角，即燃烧的三要素，同时具备助燃物（氧气）、可燃物、点火源，是燃烧或火灾发生的必要条件。——编者注

“实现目标”的角度来看，他们总是能把事情做对。他们设计了一整套的创新技术，想要尽可能高效地完成要做的工作。他们精心策划了测试程序，确保每个组件都按照预期的方式正常运行。但这些还不够，他们漏掉了重要的一步。他们从来没有做过适当的风险评估，没有考虑过所有可能出错的事情。而“阿波罗 1 号”改变了这一点。一夜之间，美国国家航空航天局成了世界上风险最大的组织之一。

这次火灾直接按下了登月竞赛的暂停键，至少对美国人来说是这样的。他们不得不带着安全意识，用一种新的方式重新设计“阿波罗”飞船，审查整个登月任务。从某种程度来讲，这也让苏联人有机会后来居上，哪怕苏联的登月计划仍然长期处于无组织的状态。苏联人在这方面取得的最大胜利发生在 1968 年 9 月，当时他们发射的“探测器 5 号”（Zond 5）首次绕过月球后安全返回地球，这是一个改良版的“联盟号”飞船太空舱。舱内没有人类，但却有“宇航员”——顺利返回且幸存下来的两只乌龟。这两只乌龟击败美国的兔子，成了苏联最令人不可思议的英雄。

“探测器 5 号”在 20 世纪 60 年代成为苏联最后一个“太空第一”。在那之后，他们再也没能成功发射载人的绕月“联盟号”航天器。这在一定程度上是受技术的限制，但还有一个原因也同样重要：缺乏政治意愿。如果苏联人能像美国人一样全心全意地去做这件事，他们肯定会成功。“探测器 5 号”实现的只是一次飞行访问，并没有降落，他们也知道美国人会比他们更早实现降落的目标。苏联人在这场竞赛中已经落后得太多，出于各种意图和目的，他们放弃了这次竞赛。

本应是“阿波罗 1 号”就取得的成果，在经过另外一系列自动测试飞行后，成了“阿波罗 7 号”的成就。第一次载人的指令舱和服务舱飞行测试于 1968 年 10 月在地球轨道正式开展。美国国家航空航天局在进行了为期 10 周的 3 次试飞，对指令舱、服务舱和登月舱依次进行了地球轨道、月球轨道的测试之后，登月任务才得到了批准。1969 年 7 月 16 日，“阿波罗 11 号”发射升空，4 天后，尼尔·阿姆斯特朗（Neil Armstrong）和巴兹·奥尔德林成了第一批踏上月球的人类。又过了 4 个月，1969 年 11 月，另外两名宇航员乘坐“阿波罗 12 号”再现了这一壮举。

早在 1961 年，肯尼迪总统就给美国国家航空航天局设定了目标：“在这个 10 年结束之前……将一名宇航员送上月球，再安全地送回地球。”美国实现了这个目标，而且还不止一名宇航员，而是 4 名宇航员。美国国家航空航天局在这场登月竞赛中取得了胜利，但如果再来一场竞赛的话，它又会怎么做呢？

更大的难题：火星

登月成功后，很多人都把火星当作下一个目的地。这个目的地看起来似乎并不难到达。1965 年，距离苏联的“月球 1 号”（Luna 1）首次成功飞掠过月球才过去 6 年时间，“水手 4 号”就已经可以从火星上空飞过。这两个探测器的大小相当，通过大小差不多的运载火箭发射升空。但我们惊讶地发现，如果使用最经济的霍曼转移轨道，飞越火星所需要的 Δv 要略低于飞越月球所需的 Δv。

这是不是说，登陆火星和登陆月球一样容易呢？如果只考虑航天器轨道这个因素，答案可能是肯定的，但火箭方程中还存在另一个因素——质量。当航天器上载有宇航员时，进入火星轨道的质量要远远超过登月航天器的质量。宇航员需要完善的生命支持系统，也就是说航天器上要为整个任务携带足够的空气、水和食物。如果还要在行星表面活动，像“阿波罗”飞船登月舱那样脆弱的着陆器是永远没办法穿过火星大气层的，它需要被包裹在有保护作用的减速伞和隔热罩内。航天器返回太空时，还要对抗火星引力的作用，需要比登月舱上升火箭威力更大的火箭。总而言之，登陆火星的航天器质量要比“阿波罗”飞船带上月球的总质量大得多。

除了这些基本的功能问题之外，还要考虑宇航员的舒适度和精神状态。和只持续一周的任务相比，持续超过两年的任务要有更加宽敞的航天器。“人均内部容积”可以很方便地衡量“航天器的宽敞度”。三座的“阿波罗”飞船指令舱内每人仅有两立方米的可用容积。相比之下，在最后一次“阿波罗”登月任务 6 个月后发射的“天空实验室”空间站（Skylab space station）给 3 名宇航员每人提供了超过一百立方米的容积。这就是宇航员在火星任务中需要的空间。但与此同时，它也带来了一个弊端：更大的空间意味着更多的结构，更多的结构意味着更大的质量。在与“阿波罗”飞船指令舱和服务舱对接时（如下图所示），“天空实验室”的加入会让“阿波罗”飞船的质量增加 10 倍。

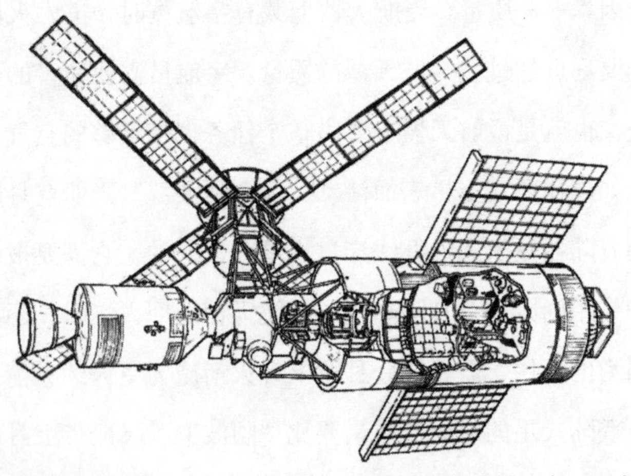

前往火星的航天器大小与“天空实验室”空间站的大小差不多。图中“阿波罗”飞船指令舱和服务舱（左侧）旁边的就是“天空实验室”空间站。

（美国国家航空航天局图片）

根据齐奥尔科夫斯基的火箭方程，假设发动机的功率保持不变，产生给定 Δv 所需的推进剂数量就与航天器质量成正比。如果质量大 10 倍，那么推进剂也要多 10 倍才能达到所需的 Δv。所以，和“阿波罗”任务不一样，只靠“土星 5 号”是无法将宇航员送上火星的，我们可能需要三到四级的运载火箭。不仅如此，第三级火箭可能要用更强大的东西取代，比如核火箭。实际上，如果可用的技术仅限于我们今天用到的运载火箭，而不是“土星 5 号”所用的大型火箭，那么要前往火星，我们就要使用更多级的运载火箭。

在载人航天器离开地球很早之前，所有必要的设备就要利用短的霍曼转移轨道送入太空，这个时间可能是在两年前出现的上一个发射窗口。这些设备包括火星地表居住舱、一个或多个火星地表漫游车、食物、生命支持系统和科学设备。最重要的是火星上升载具，宇航员逗留结束后它可以将宇航员送回火星轨道。上升载具本身也是一个大而坚固的航天器。

上升载具从火星表面起飞时，不用像进入地球轨道一样需要多级运载火箭，因为火星的引力比地球的引力要小。从火星地表到达火星轨道所需的 Δv 约为 4 千米每秒，还不到地球相应数值的一半。然而，这个数值仍然是地球上亚轨道太空飞行（如 1961 年的“水星 3 号”）所需 Δv 的两倍。所以说，让一名宇航员离开火星表面并不是一件轻而易举的事。

上升载具安全到位之后，宇航员才能离开地球。就像前面解释的那样，航天任务需要一个巨大的航天器，但它又会因为太大而没办法离开地球表面。运输宇航员的载具必须在地球轨道上组装完毕，就像一个小型空间站一样，还要配备自己的行星际推进系统（Interplanetary Propulsion System）。美国国家航空航天局提出了一种可能："深空栖息地"（Deep Space Habitat，DSH），以几个国际空间站的衍生舱为基础，将它们与化学火箭或离子推进器相连。完成后的"深空栖息地"大小可能与"天空实验室"相当，是一个长 25 米、直径 6 米的圆柱体。

"深空栖息地"还需要能防护高能辐射，这对于"阿波罗"计划来说不是太大的问题。在这种情况下使用"辐射"一词可能会有些误导读者。"辐射"这个术语最常用来指电磁辐射，是光子流在直线上以光速移动形成的。这种辐射包括微波炉、X 射线机的"辐射危害"，甚至是核爆炸释放出的可怕的伽马射线。它还包括更多良性形式的辐射，比如光本身。但会在行星际太空中成为问题的辐射完全是另一回事。

这里所讨论的辐射是由带电粒子流组成的，主要是质子和电子。其中一些被称为"宇宙射线"（Cosmic Ray），起源于太阳系外，另外的大多数来自太阳本身——太阳风。这些颗粒危害巨大，它们会导致人体组织功能衰退，影响神经系统，直接损害DNA。在太阳活动增强期间，大量高能质子从太阳射出，此时的危险性特别高。幸运的是，因为所有这些粒子都是带电的，它们的轨迹可以受磁场影响而发生改变（记性好的读者可能会记得，这就是阴极射线管时代电视屏幕成像的原理）。地球自身的磁场几乎可以抵挡所有进入地球范围内的辐射，让我们能够安然无恙地待在地球表面。这个磁场很好地延展到了太空中，可以保护低地球轨道上的宇航员，如国际空间站上的宇航员。然而，对执行远距离太空任务的宇航员而言，辐射会带来严重的困扰。

到目前为止，唯一完全暴露在太阳风中的只有登月的执行“阿波罗”计划的宇航员。但这些暴露只持续了几天时间，他们接受的辐射量还保持在可接受的限度内。如果以同样的接触水平持续几个月的时间，那就会出问题了，火星之旅就是这样。众所周知，过度暴露于辐射中会影响人的生理功能，让人患上“放射病”。但最近的研究表明，和生理影响相比，负面的心理影响可能会来得更快。小的神经损伤可能会削弱宇航员快速做出复杂决策的能力，这种能力在深空发生紧急情况时至关重要。因此，任何冒险进入行星际太空的航天器，如美国国家航空航天局的“深空栖息地”，都需要有效地屏蔽辐射。一种可能是建立一个电磁屏蔽层，就像是缩小版的地球一样，但这样会不断消耗航天器的动力。其实，我们还有更简单的替代方案。“辐射屏蔽”这个短语可能会让人想到厚厚的铅板，但这种想法考虑的是X射线或伽马射线的辐射。对于我们在此讨论的带电粒子辐射，一种更轻薄的屏蔽形式就足够了：比如聚乙烯等塑料材料，甚至是一层水。

当然，航天器可能分不出那么多水来屏蔽辐射，因为水还有很多其他用途，宇航员要喝水，还要用水洗漱等。所以航天器上的水会被小心地囤积、回收，国际空间站上就是这么做的。英国宇航员蒂姆·皮克（Tim Peake）在2016年10月的采访中谈道：“今早的咖啡基本上就是昨天尿的尿，但它的味道其实还可以。”这就提出了另一个问题：固体废弃物怎么办呢？有人提议，可以把飞行途中不断增加的固体废弃物、人类排泄物，用作提高航天器辐射屏蔽能力的理想物质（宇航员到达火星后，如果他们想要像《火星救援》中的马克·沃特尼一样自己种植食物，排泄物也会是很好的肥料）。

因此，要设置某种形式的辐射屏蔽、提供日常保护应该不是太难的事情。但全面爆发的太阳风暴就是另一回事了。为了应对这种意外情况，“深空栖息地”要有某种可以高度屏蔽辐射的“风暴避难所”。

火星之旅和月球之旅还有另一个很大的区别——与世隔绝的程度。“阿波罗”飞船上的宇航员可以没有丝毫延迟地与地球上的同事进行交流，他们也就在太空中停留几天的时间。即使是在地球轨道上执行长时间任务，国际空间站上的宇航员也可以给他们的朋友和家人打电话，进行完全正常的通话，时间延迟跟普通长途电话的延迟差不多。如果空间站出现重大险情，他们也可以在几小时内乘坐停在空间站内的“联盟号”飞船返回地球。但前往火星的路就不一样了，宇航员在社会意义和物理意义上都是与世隔绝的。在旅途中的某些地方，光速般的无线电传输可能要 20 分钟才能在航天器和地面控制台之间传播。也就是说，哪怕有可能是生死攸关的紧急问题，在提出问题和收到回复之间，也可能会有长达 40 分钟的延迟。

我们并不需要真的在太空中研究宇航员在火星飞行任务中应对与世隔绝这一问题的能力，只需要一个适当被隔离的宇航员就可以了。在地球模拟环境中，这一点可以更便宜、更安全地实现。火星 -500（Mars-500）就属于这类研究，由俄罗斯生物医学问题研究所（Russian Institute of Biomedical Problems）于 2010 — 2011 年和欧洲航天局、中国航天机构合作开展。该实验设施位于莫斯科附近，旨在模拟 520 天的冲相级任务，其中还包括宇航员要在火星表面度过的 30 天时间。研究所内一个大型机库一样的部分会在适当的时间段开放，作为在火星地表逗留 30 天的模拟场所。而在任务的其余阶段，宇航员会被限制在一个密封的“航天器”里，这个“航天器”由许多相互连接的舱体组成，内部总体积为 300 立方米，其大小相当于美国国家航空航天局 20 世纪 70 年代的天空实验室。但天空实验室是为 3 名宇航员设计的，而火星 -500 有 6 名宇航员。在这个实验中，6 名宇航员都是男性：3 个俄罗斯人，2 个欧洲人和 1 个中国人。

火星 -500 的试验结果被认为是成功的，因为宇航员并没有出现严重的心理问题或人格冲突。宇航员彼此之间的关系似乎也非常和谐……这个结果也许会令人感到惊讶，因为我们看惯了《老大哥》（*Big Brother*）这样的真人秀，里面的参与者都是经过精心挑选的，他们之间的相处注定不会太友好。而火星 -500 和任何真实的太空任务一样，实际的选人过程和真人秀是相反的。

火星 -500 研究了冲相级任务短时间逗留火星的情况。合相级任务需要的火箭燃料更少，旅程总时间差不多，但在火星上停留的时间会更长。这里出现的新问题，在另一个名为 HI-SEAS（你好，海洋）的火星模拟实验中得到了解决。对一个出了名干燥的星球而言，HI-SEAS 这个名字好像很奇怪，但它代表的其实是“夏威夷太空探索模拟和仿真项目”（Hawaii Space Exploration Analog and Simulation，HI-SEAS）。这个项目由美国国家航空航天局出资，由实验所在地的夏威夷大学负责管理。和火星 -500 实验一样，这次实验的重点也不在太空飞行本身，而是为了研究宇航员在火星表面长时间停留的问题。

夏威夷太空探索模拟仿真实验的主实验持续了一年时间，从2015年8月到2016年8月。和火星-500一样，试验中也有6名宇航员（4个美国人和2个欧洲人），但这次实验实现了男女平衡。所有参与者都是对火星感兴趣的科学家和工程师，他们都是火星任务的可能人选。这一点很重要。单单选择一个能在心理上保持稳定、在彼此陪伴中能够和谐相处的宇航员是不够的，他们还要能在到达火星后完成自己的工作。

夏威夷太空探索模拟和仿真实验中的宇航员大部分时间都待在封闭的小型地表居住舱里。火星爱好者和科幻作家常常掩盖了长期停留火星任务中一个很枯燥的事实。宇航员在舱外要穿着笨重的压力服并携带所有的生命支持配件，他们探索火星表面的时间也因此严重受限。即使在地球上，夏威夷太空探索模拟和仿真实验的工作人员在进行舱外作业时也必须这样做。实验地位于夏威夷大岛火山的一侧，这个地点是经过精心挑选才确定的，因为这里的地形和火星十分类似。实验中还会限制参与者的邮件通信，他们甚至还模拟出了20分钟的延迟，来进一步增强宇航员身处火星的感觉。食物供应也是有限的，只提供真正的火星任务可以提供的东西。

与火星-500实验一样，夏威夷太空探索模拟和仿真实验的主要目的是测试在模拟条件下，宇航员们能否在所需时间内保持心理稳定。尽管有几名宇航员因为隐私问题感到困扰，但实验似乎还是成功了。不过从心理学的角度来看，这种模拟很可能代表的是最差的情况，因为宇航员们知道自己只是在夏威夷山的一侧露营。而在真正的火星任务中，身处另一个星球的兴奋和新奇，足以战胜地球模拟情况中的许多日常烦恼。

风险管理

考虑到生命支持、辐射屏蔽、航天器尺寸以及多级运载火箭的需要，火星任务的复杂性也有所增加，这也解释了为什么人类从月球之旅跨越到火星之旅的这一步要比机器人探测器的跨越大得多。我们不仅要建造更多的设备，在任务规划方面做更多的工作，还要检查每个系统和子系统是否在按预期的方式正常运行。“阿波罗 1 号”发生火灾后，美国国家航空航天局有了规避风险的意识和安全意识。在这样的背景下，我们需要经历一个长期、逐步的技术验证过程和飞行测试过程，才会开始考虑火星之旅。

“阿波罗”计划的任务构成比火星任务简单得多，但仍然经过了有条不紊的逐步测试。人们熟知的“阿波罗 11 号”也是在对每个子系统和程序进行了一系列测试之后才成功升空的。

很多宇航员都有试飞员的背景，和其他人一样了解这些需求。大众媒体可能会将他们摹画成一些冒险者，但其实恰恰相反，最接近真相的反而是冒险者的对立面。“阿波罗 10 号”是一个典型例子，这是一个被大多数人遗忘的任务，即便那些记得它的人，也对它感到非常困惑。1969 年 5 月“阿波罗 10 号”准备发射时，“阿波罗 8 号”已经在月球轨道上完成了指令舱和服务舱的测试，“阿波罗 9 号”也已经在地球轨道上完成了登月舱的测试。但“阿波罗 10 号”仍然被要求在实际执行登陆任务之前再试飞一次，在月球轨道上测试登月舱。

但这真的有必要吗？根据大多数媒体的描述，人们可能会想象是“阿波罗 10 号”的宇航员要求批准降落，但过于谨慎的美国国家航空航天局管理层却坚持要求他们进行核对表上的最后一次测试。事实恰恰相反。美国国家航空航天局高层担心苏联可能会率先登月，他们迫切地希望能够追上苏联的进度，直接完成登月。但率领“阿波罗 10 号”宇航员的指挥官汤姆·斯塔福德（Tom Stafford）知道，他们不能这样做。这太冒险了！航天器上仍然有很多系统没有经过适当的测试。他向领导们表示，如果管理层要把“阿波罗 10 号”的任务从一次例行试飞变成一次开创历史的登月，那“这些宇航员都将选择退出”。

当然，测试是为了尽量减少出错的可能。但要把这种风险完全降低到零也是不可能的。在太空任务期间的任何时间点都可能发生错误，因此，事先做好准备来应对所有可以想到的意外事故，就具有十分重大的意义。在火箭科学中，它们被称为“空中失事”（abort mode）中止选项。

最著名的空中失事案例发生在1970年4月，此时进行第三次登月飞行的“阿波罗13号”发射升空才不到3天，服务舱发生了大爆炸，损坏了电力设备和生命支持设备。幸运的是，宇航员在这次爆炸中幸免于难，利用无线电与地球上的任务控制台取得了联系。他们无法再继续进行登月任务，但在任务计划中有一个易于执行的“空中失事”中止选项。这个选项被称为“自由返回轨道”，它将带着航天器继续飞向月球，利用月球引力场将航天器推回地球。也就是说，由于供热和生命支持系统受损，宇航员在事故发生后还不得不在太空中停留3天，才能返回地球。这3天虽然过得不太舒服，但宇航员起码活了下来。

如果是在前往火星的途中出现类似的事故，情况就不一样了。到火星的飞行计划和月球之旅不一样，并没有易于执行的“空中失事”中止选项。它虽然也提供了一个自由返回轨道的选项，但那会是一段非常漫长的回家之旅，比标准的霍曼转移轨道要长得多。如果火星任务在类似的时刻遭遇“阿波罗13号”那样的事故，那可能需要3年——而不是3天——才能安全返回地球。如果航天器的生命支持系统像“阿波罗 13 号”一样受到了严重破坏，那在漫长而令人沮丧的归途中，宇航员的身心健康可能也会受到不好的影响。

正是因为考虑到这些问题，我们要确保火星航天器足够坚固，也足够灵活，能够应对各种各样的可能。这一点变得更加重要。对航天器硬件、任务的各个阶段以及宇航员进行仔细的逐步测试也是无可替代的，这将花费大量的时间和资金。

这是否就是“阿波罗”计划取得巨大成功后，美国国家航空航天局没有继续前往火星的原因呢？简而言之，不是。虽然史蒂芬·巴克斯特（Stephen Baxter）1996 年的小说《远航》只是一部虚构类文学作品，但书中描绘了如果美国国家航空航天局在“阿波罗 11 号”登月后立即做出承诺，朝火星前进，它会如何在 1986 年将 3 名宇航员送上火星。这部分情节的可信度其实是很高的。这本书不是一部纯科幻小说，它以故事发生时存在的技术为基础，描绘了历史的另一种走向。前往火星的航天器灵感来源于“土星 5 号”、“阿波罗”飞船和“天空实验室”……以及现实世界中的航天飞机。但在巴克斯特的世界里，航天飞机的投资被取消了；政府投入的所有资金，以及投入“先驱者号”（Pioneer）和“旅行者号”等机器人探测器的资金，都投给了火星之旅。巴克斯特与大多数小说作家不同，他并没有掩盖这项伟大事业会涉及的大量技术发展、飞行测试和宇航员培训等细节。他在书中甚至还设计了几个与“阿波罗 1 号”类似的失败任务，但最后还是设法在截止日期前完成了火星任务。

我们知道，书中描绘的和现实情况是截然相反的。

让我们来看看，实际上发生了些什么。

5

宏伟计划

▶▶▶

愿景家 vs 政治家

> 现在，科学家已经搞清楚了火星远征中具体到最后一吨燃料的所有技术要求。我们已经十分准确地掌握了太阳系的规律，天文学家能以几分之一秒的精度预测出日蚀，科学家能够确定航天器到达火星需要多大的速度，让航天器在恰当的时刻切入火星轨道，确定着陆、起飞和其他操作要用到的方法。从这些计算中，我们知道，我们已经拥有征服火星所需要的化学火箭燃料。

1954 年，沃纳·冯·布劳恩写下了这些话，从技术角度看来，他说的这些是完美无缺的。这里提到的冯·布劳恩和第二次世界大战期间为纳粹工作的那个冯·布劳恩是同一个人，他在 20 世纪 60 年代还完成了“土星 5 号”火箭的设计。他的火星计划最初萌芽于 1948 年，彼时还是非常典型的科学家式妄想：雄心勃勃、构思奇妙……但在经济上却没有实现的可能。要实现他的火星计划，需要发射数十枚火箭，逐步将一系列航天器送入地球轨道，这些航天器中一些载人，另一些只装载货物。这一系列航天器将沿着标准的霍曼转移轨道往返火星，在火星上停留约 400 天的时间。冯·布劳恩计划中唯一不切实际的地方是他的“再入—

下降—着陆”策略。他计划让两侧有机翼的飞机向下飞，飞过火星大气层，像航天飞机一样实现水平降落。但这个策略绝对不可能成功，因为火星的大气层比当时科学家认为的还稀薄。

政治家们绝对不会支持冯·布劳恩这样预算超支的计划。但如果这是一种有实用军事意义的好东西呢？大约在同一时期出现了火星项目的构想，美国氢弹研究团队中有人提出了一种替代火箭的新方案，被称为“核脉冲推进”（nuclear pulse propulsion）方案。它通过一系列核弹爆炸获取能量。如果设计合理，这样的推进系统可以更高效地产生与大型化学火箭相似的推力。在这种设计中，有效载荷与总质量的比率（火箭通常只有3%或4%）可以高达45%。推进剂可以是像钨这样的致密金属，推进剂的特殊形状会确保它在爆炸、汽化后产生的大部分高能气体都朝着我们所需的方向排出。

核脉冲推进方案看起来也许有点吓人，但它确实是太空竞赛初期美国政府的考虑对象。为了确保能尽快采用这一方案，1958年的美国政府本着“1965年征服火星，1970年征服土星”的信念，确立了“猎户座”项目（Project Orion）。要到达第一个目标火星，需要发射几枚传统火箭，在地球轨道上建造一个巨大的核驱动的航天器。航天器准备就绪后，数百个小型原子弹将迅速发生连续爆炸，使航天器达到非常高的 Δv，让航天器进入前往火星的超快速轨道。整个往返过程在125天内就可以完成。

“猎户座”项目差一点就成了20世纪60年代最令人难忘的科幻电影——《2001：太空漫游》（*2001: A Space Odyssey*）的“主角”。这部电影由斯坦利·库布里克（Stanley Kubrick）导演。四年前，他刚完成了一部描绘核动乱的电影《奇爱博士》（*Dr. Strangelove*），又名《我如何学会停止焦虑、爱上炸弹》（*How I Learned to Stop Worrying and Love the Bomb*）。《2001：太空漫游》由库布里克和科幻作家亚瑟·克拉克携手打造。克拉克在他的书《2001迷失的世界》（*The Lost Worlds of 2001*）中回忆道：

> 我们开始创作《2001：太空漫游》这部电影时，“猎户座”项目的一些文件才刚解密出来，给到了我们……大概过了一周，斯坦利觉得以每分钟20枚原子弹的速度将航天器送出地球的情节有点太喜剧化了。而且，如果联想到《奇爱博士》的结局，很多人可能会觉得他已经开始活得和他电影的名字一样，真的学会了“爱上炸弹”。

现在回想起来，“猎户座”项目让“将发事故”（accident waiting to happen）这个概念受到了程度惊人的关注。幸运的是，这个项目在真正到达太空之前就被取消了，但它被取消的原因并不是项目组认为它不会成功。而是因为1963年8月，美国签署了第一个禁止核试验的条约，明确禁止“在大气层、外太空和水下”试验核武器。从技术层面来讲，“猎户座”项目使用的原子弹并不是武器，只是推进系统的一部分，但这种技术性的说明并不能说服任何人。

“猎户座”项目取消之后，美国国家航空航天局的注意力全部集中在了月球上。1969 年 8 月，也就是“阿波罗 11 号”发射后一个月，美国国家航空航天局的首席行政官突然宣布了一项计划，表示如果能得到美国人民的支持，人类就可以踏上火星，就像阿姆斯特朗和奥尔德林登月那样。这个火星计划和“阿波罗”计划有很多相似之处，也是乘坐一个巨大的复合型航天器从地球飞到红色星球，然后一部分宇航员登陆火星，至少一个宇航员留在轨道上。

提出这个新方案的人又是冯·布劳恩。这是他在 1972 年 60 岁退休之前的最后一次重大贡献。这次冲相级任务将在去程采用霍曼转移轨道，在火星上短暂停留一段时间，返程时将使用不同的轨道，经过金星附近，在回程获得更大的引力。要正确完成这项任务需要非常精确的计时。宇航员必须于 1981 年 11 月 12 日离开地球轨道，于 1982 年 8 月 9 日到达火星。在那里度过 80 天后，于 1982 年 10 月 28 日离开火星，最后于 1983 年 8 月 14 日返回地球。

火星航天器将由“土星 5 号”发射升空，这一点和“阿波罗”计划一样，但“土星 5 号”的第三级火箭将被第 2 章中提到的核发动机取代。尽管核发动机计划中也有“核”这个字存在，但它并不是“猎户座”项目那样疯狂的奇爱博士式的想法。它不涉及任何原子弹，它只是利用一个精确控制的核反应堆来产生恒定的热量供应，就像核电站、核潜艇的反应堆一样。如果美国政府决定开展这一计划，核发动机的想法是完全可行的，冯·布劳恩计划的其余部分也一样可行。但他们会这样做吗？

月球竞赛和政治紧密相关，它是资本主义美国和共产主义苏联之间的意识形态冲突的产物。具体一点来讲，早期的太空竞赛可以看作两国之间核军备竞赛的一个自然分支。两国的第一个太空运载火箭都被用于发射洲际弹道导弹。他们此举传递的信息很明显：如果一枚火箭可以将太空舱送入轨道，那么同样的火箭就可以将核武器从一个半球送到另一个半球。但在谈到火星的时候，这种“大政治”就不适用了。美国国家航空航天局开始思考征服红色星球时，苏联已经决定只关注地球轨道的太空飞行。1969 年 10 月，“阿波罗 11 号”发射升空才过去三个月，苏联领袖列昂尼德·勃列日涅夫（Leonid Brezhnev）就表明了自己的立场：

> 我们正走在自己的路上，我们始终如一地朝着目标前进。苏联宇航员正在解决越来越复杂的问题。我们征服太空的方式是解决重要的基本性问题——基本的科学、技术问题。

我们的科学研究已经建立了长期轨道站和实验室，它们是我们广泛征服太空的决定性手段。苏联科学家认为，创造可容纳不同数量宇航员的轨道站，才是人类进入太空的主要办法。

如果苏联退出火星竞赛，美国也不会全身心地投入其中。肯尼迪总统在1961年设定了“人类登月”（man on the Moon）的远大目标，但他并没有设定登陆火星的类似目标。“阿波罗11号”时代，肯尼迪的继任者理查德·尼克松（Richard Nixon）对待美国探索太空的方式更加谨慎。他首先委托了太空任务团队（Space Task Group）来评估各种选择。该团队建议美国国家航空航天局将资金投入保持在“阿波罗”计划时期的水平，将重点放在人类太空飞行的可持续发展上，最终目标是在20世纪80年代实现冯·布劳恩式的火星登陆。

这些建议都很有发展前途，但尼克松拒绝了。他甚至还削减了美国国家航空航天局的预算，指示它在机器人航天和载人航天任务之间实现进一步的平衡。载人航天任务集中在一种全新的技术上——航天飞机。这是一种可半重复使用的太空飞机，与火星任务基本无关，甚至与继续探索月球也没什么关联。和苏联领导人一样，尼克松成功将美国的人类太空飞行视野限制在了地球轨道上。

探索火星和太阳系其余部分的任务被留给了机器人。这些只是纯粹的科学任务，我们没有任何借口说它们是载人飞行的基石，它们也不像早期的月球探测器那样为“阿波罗”计划铺平了道路。但我们惊讶地发现，强调这种科学目标竟然为太空政治带来了一个全新的维度。它取代了政府的大政治，成了科学界本身的“小政治”。火星任务不得不与其他行星任务、木星和土星的卫星任务、小行星和彗星任务，甚至与太阳科研任务竞争。无论人类是否想要造访这些星球，我们都有完全充分的科学原因去研究它们。人们为太阳系中的每样东西发展出了各自的“压力集团”（pressure group），集团中所有科学家的职业生涯都围绕它展开，他们提供无数的论据来论证为什么这样东西应该是太空任务的下一个目标。即使只针对火星，不同团队考虑的优先事项也不同，由此自然存在强烈的内部竞争：轨道器、漫游车、采样返回任务，到底哪个应该走在前面。所有人都在四处游说，争取资金和任何可能用于人类终极探索的东西。政治家花了很多时间争论：纳税人的钱到底应该怎么花；应该把多少用于科学研究；科学预算中又应该有多少用于太空研究；如何在载人航天和无人航天任务之间分配太空预算？还有学者认为，任何形式的载人航天任务都是对政府资金的彻底浪费。对许多人来说，比如一般公众，甚至是对一些科学家和具有社会意识的政治家来说，纳税人的钱应该花在地球上，而不是花在外太空。虽然这个论点有一定的道理，但它忽略了一点：花在太空旅行上的钱并没有在外太空中打水漂，其中大部分都创造了新的就业机会，不单单是宇航员和火箭科学家的工作，还包括制造业、建筑业、软件业和服务业中新增的就业机会。最终分析的结果告诉我们，好的太空计划是对经济有利而无害的。

然而，太空计划还是经常受到消极大众形象的影响。与20世纪60年代令人难以置信的高调形象相比，这一事实就更加明显了。尼克松总统宣布航天飞机的项目时，他不可能预见到，这个项目会带来的最严重影响竟然是将公众对载人航天的看法从“令人兴奋”变成了“无聊”。在航天飞机项目持续的30年里，它只出现了两次引人注目的头条新闻：两次都是有七名宇航员牺牲的重大事故。这样的公共形象实在是糟透了。

直达火星

20世纪90年代，探测火星的热情略有回温，自70年代中期“海盗号”探测器之后终于出现了第一次新任务，但依旧只是“火星全球勘探者号”（Mars Global Surveyor）、“探路者号”和“索杰纳号”这样的机器人探测器。对美国国家航空航天局而言，人类对红色星球的探索至此已经不再在项目计划清单上处于优先地位了，连最具前瞻性的火星项目也不是。

但力推探索火星的航空航天工程师罗伯特·朱布林则反对这种情况。他觉得美国国家航空航天局那些过度设计的项目似乎单纯是在浪费时间和金钱，对此他感到很沮丧。美国国家航空航天局已经变成了一个完美主义者的组织。人人都知道，完美主义者是永远无法实现任何目标的。这个问题一部分可归结为美国国家航空航天局在“阿波罗1号”火灾后采取的“风险规避”理念。另一部分是因为它想要立刻赢得科学界和政界所有特殊利益集团的欢心，但事实是，它没能取悦任何一个组织。朱布林确信，用一种简单的方法就可以到达火星，这种方法就摆在美国国家航空航天局面前，但它仍然坚定地拒绝看到这种方法。

朱布林的概念被他称为“直达火星”计划。这一概念起源于20世纪90年代初，在他1996年的书《火星的案例》（*The Case for Mars*）中有最详细的描述。到达火星最简单的方法是在相隔不到两年的连续霍曼窗口期间发射两次火箭。出于安全和可持续性的考虑，在第二次发射火箭时最好同时发射第三枚火箭。每次发射都将采用容易获取的“土星5号”火箭，向火星运送约40吨的有效载荷。火箭的第三级将利用航天飞机式的固体火箭助推器，而不是核发动机，以此来获得额外的 Δv。

第一次发射会将一艘无人航天器送到火星表面。朱布林将它称为地球返回载具（Earth Return Vehicle，ERV）。顾名思义，它的最终任务就是将宇航员带回地球。之所以要提前两年发射返回载具，理由十分充分：在两年时间内的大部分时间里，载具会借助资源原位利用（in situ resource utilisation，ISRU）技术合成自身需要的火箭推进剂。资源原位利用技术中的发动机采用非比寻常的设计，燃烧的是甲烷和氧气的混合物。甲烷并不是标准的火箭燃料，但它和煤油一样，是碳和氢的化合物……在火星表面更容易制造甲烷。

火星大气中含有大量碳和氧，以二氧化碳的形式存在，容易获取。唯一缺少的成分是氢，但这是一种非常轻的物质。只用6吨氢气就能制成超过100吨的推进剂。地球返回载具可以轻而易举地把氢从地球上以方便压缩的液体形式带到火星。唯一还需要的是一个电源，朱布林在提案中采用的是小型核反应堆。一旦到达火星，地球返回载具就可以启动机载化学装置，开始制造所需的所有甲烷和氧气。

等地球返回载具加满油、做好准备作业时，第二艘航天器，也就是载有宇航员的航天器才能通过第二次发射前往火星。为了将能源需求降到最低，朱布林的计划要求往返过程都使用霍曼转移轨道进行合相级任务，在火星表面停留18个月之久。当然，这个计划要求宇航员尽可能降落在预先部署的地球返回载具附近。为免发生意外，朱布林建议在第二次发射后的几天内就进行第三次发射，运送备用的地球返回载具。如果一切顺利，这批宇航员就不需要备用的载具，它可以留在火星上给两年后的下一批宇航员用。

“直达火星”这个名称源于这样一个事实：载人航天器直接飞向火星表面，没有任何东西留在轨道上。宇航员借助地球返回载具返回，又是直接从火星回到地球。这和《火星救援》中描绘的任务以及近期的许多其他提案相比，有一个微妙的区别：其他任务使用单个运输载具往返飞行，在火星轨道和火星地面之间使用较小的下降、上升载具。朱布林还提出了一个“直达火星”计划的变体，可以沿着那些更熟悉的路线行进，被他称为“火星半直达”（Mars Semi-Direct）计划。在这种情况下，要提前几年部署好火星上升载具，让它靠资源原位利用技术补充燃料。

和冯·布劳恩40年前的火星计划一样，罗伯特·朱布林的想法还只是纸上谈兵。但两者之间还是存在一些重要的区别：朱布林的计划使用的是经过验证的技术，在标准的太空计划预算范围内看起来还是负担得起的。朱布林计划中的基本要素——反复使用久经考验的资源原位利用技术、分离式任务的策略——突然开始出现在火星提案的各个阶段，连美国国家航空航天局也最终决定接受这个突然流行起来的提案。

一步一个脚印

美国国家航空航天局的太空之路一直是一步一个脚印。这没什么不对，“阿波罗”飞船能够成功登月也是这个原因，“阿波罗”计划的每一步都是目标唯一、明确连贯的总计划的一部分。哪怕是看似不必要的双子星飞行，它唯一的目的也是测试“阿波罗”飞船从航天器对接到舱外活动所需的各种新程序。美国国家航空航天局为“阿波罗”计划做好最终准备后，也没有直接开始登陆月球，还必须先对航天器进行一系列的增量测试。

虽然“阿波罗”计划是一步一步来的，但它从来没有忘记自己存在的终极目的是要把人类送到月球表面。这简直是工程教科书里目标驱动型的典型案例。不过，这并不是唯一的选择。在你决定使用一项新技术之前，设计、构建和测试它是完全合理合规的。但如果你正在创造的是一样前所未有的东西，为什么一定要人为地限制它的用途呢？这就是对一部分人具有吸引力的新理念——创新驱动法。

创新驱动法也是一步一个脚印，但它迈出的每一步都走向未知，而不是已经明确定义好的某个目标。先开发新技术，再去看它能做些什么。这就是苏联人用“东方号”和“联盟号”飞船做的事情，而美国国家航空航天局跟随他们的脚步，建造了航天飞机。遗憾的是，运营航天飞机的成本太高，没有留下任何资金用来充分发挥它的潜力。它自己虽然也不想在这里就画上句号，但结果还是变成了一种从未抵达目的地的昂贵旅行方式。

后来，航天飞机在国际空间站的建设中找到了自己的定位。最终，航天飞机在如期建成国际空间站方面发挥了至关重要的作用。航天飞机还是有用的，美国国家航空航天局的创新驱动法也同样有可能在未来的某一天把它送上火星，但它不会再用“阿波罗”飞船的发动机。

这种情况下，火星爱好者会觉得沮丧也在情理之中。事实上，美国国家航空航天局的工程师正缓慢但坚定地走在将人类送往火星的路上。他们设计的日益复杂的机器人探测器，比如一吨重的“好奇号”火星车，正在火星上接受测试，希望能降低一系列基础技术和程序的风险。“好奇号”之后，美国国家航空航天局的后续行动是一辆尚未命名的漫游车，预计于 2020 年发射升空。[1] 这辆漫游车将装载专门的实验装备，测试资源原位利用技术的可行性，这种技术会在几乎所有载人火星任务中起到关键作用。火星氧气资源原位利用实验（Mars Oxygen ISRU Experiment，MOXIE）专门研究如何从大气的二氧化碳里提取出纯氧。如果该实验成功，就可以在更大规模的实验中使用，利用相同的过程产生可

1　2020 年 3 月，美国国家航空航天局公布其正式名称为“毅力号”。——编者注

供宇航员呼吸的氧气，为火星上升载具的火箭发动机提供氧化剂。

在这个逐步递进的过程中，哪怕国际空间站更接近地球，也被认为是重要的一步。因为它的存在证明了在轨道上进行大规模建设项目的可行性，这是将人类送往火星的必做事项。国际空间站由离散舱体组成，每个舱体单独发射，在轨道上进行组装，就像火星航天器一样。在零重力环境下，这可不是一项简单的任务。进行组装的只有少数几名“建筑工人”，他们穿着笨重的太空服，使用的工具也非常有限。组装好国际空间站是火星飞行前工作检查列表上的一项重要内容。

国际空间站。
（美国国家航空航天局图片）

国际空间站还将以另一种更明显的方式为火星之旅提供帮助。载人火星任务最令人生畏的方面可以说是它的任务时长。如果是短期停留的冲相级行程，往返至少需要400天。上一章描述的火星-500和夏威夷太空探索模拟和仿真实验这类地球研究从某个角度来说是有用的。但如果没有像国际空间站这样的地球轨道空间站，就不可能为宇航员执行长期任务做好准备，生理学家也不可能一开始就知道这项任务是不是安全。国际空间站任务通常会持续6个月，大约180天，许多宇航员已经有过两三次甚至是四次往返的经历。2016年，美国宇航员斯科特·凯利（Scott Kelly）和俄罗斯宇航员米哈伊尔·科尔尼延科（Mikhail Kornienko）成功完成了延长到342天的任务。不过，这还不是时间最长的一次太空飞行。有四名宇航员曾在国际空间站之前的“和平号”空间站上度过了一年多的时间。瓦列里·波利亚科夫（Valeri Polyakov）创造了时间最长的太空飞行记录，他在“和平号”空间站上连续逗留了437天。对于冲相级火星任务来说，这已经是很长的一段时间了。

美国国家航空航天局将国际空间站和火星明确关联了起来。2015年10月，在官方文件《火星之旅：太空探索的后续步骤》（*Journey to Mars: Pioneering Next Steps in Space Exploration*）中，他们得出了以下观察结果：

> 国际空间站是唯一的微重力平台，可用于新的生命支持和宇航员健康系统、先进的休息舱及其他用于减少对地球依赖所需的技术的长期测试。

“微重力”这个专业术语指我们通常所说的“失重”或“零重力”，是宇航员在太空中经常会遇到的情况。但这并不意味着宇航员不受任何引力影响（在国际空间站所处的高度，重力只有地球表面重力的百分之几），而是因为关闭了发动机的航天器实际上处于自由落体状态。无论是在地球轨道上，还是在月球或火星周围的轨道上，或者是沿着霍曼转移轨道滑行，都没关系——如果重力就是唯一的驱动力，那么航天器内部的宇航员实际就像没有重量一样。

微重力带来的是一种非自然的人体生理环境，但人体却是在地球表面恒定的重力场中进化而来的。国际空间站和之前空间站的经验表明，通过适当的训练，人可以很好地适应航天器内部的生活。从健康角度来看，航天器内的环境甚至比地球还有一大优势：最初几周过去之后，就不会有新的感冒或流感病毒在舱内传播。这和空间本身无关，而是因为航天器内的人口数量非常小且是自给自足的（潜水艇上的人在长途旅行中也会有这种好的副作用）。

美国国家航空航天局在谈到“减少对地球依赖所需的技术”时提到了上面这些内容。这些技术包括最先进的机器人设备、3D

打印技术、先进的医疗设备和消防安全系统。其中最重要的是基本的生命支持功能，它能确保航天器在很长一段时间内的可居住性。在国际空间站上，这些都由复杂的环境控制和生命支持系统（Environmental Control and Life Support System，ECLSS）提供，这个系统能够维持类似于地球的氧-氮大气环境，去除二氧化碳和其他有毒气体，尽可能地回收水资源。水是非常关键的，它不仅可以供人饮用、洗漱、烹饪，还可以通过电解的化学过程，成为新鲜氧气的主要来源。

环境控制和生命支持系统能够非常有效地回收废水，不仅能回收一些来源明显的水，还能回收空间站空气中过量的水分，包括蒸发的汗液等。但这个系统也不可避免地会损失一部分水。为了弥补这一点，每隔几个月人们就必须将淡水、食物和其他物资送到国际空间站。要确保 6 名宇航员在空间站上停驻一年时间的健康，需要额外供应一吨多的水。但额外的水供应、新鲜的食物供应或是其他任何东西，在火星之旅中都是不可能实现的。

如今，国际空间站上的宇航员可以自己种生菜吃，但量很少。而且他们的原材料（种子和营养素）还是需要从地球供应。对于前往火星的宇航员来说，他们没有其他选择，只能从一开始就带好需要的一切。

火星路线图

美国国家航空航天局征服火星的野心摇摆数十年后，终于在2015年发布了“火星路线图”。这个名字来源于已经成熟的技术路线图规划。技术路线图起源于20世纪70年代的电子工业，后来成了工程规划的标准工具。技术路线图有多种形式，但它的总体思路是提供清晰直观的视觉表达方式。路线图可以反映目标驱动或创新驱动的理念。“火星路线图”听起来像是目标驱动型，就像20世纪60年代的登月计划那样，但仔细观察，我们会发现，其实它是创新驱动型的航天飞机时代的独特产物。

人类探索：美国国家航空航天局的火星之旅

依赖地球的任务： 6～12个月 返回地球：数小时	月地空间试验场： 1～12个月 返回地球：数天	不依赖地球的任务： 2～3年 返回地球：数月
● 在国际空间站掌握基本原理	● 通过访问重定向到月球远逆行轨道的小行星来拓展能力	● 探索火星、火星的卫星和其他深空目的地，发展行星独立探测能力
● 美国公司提供进入低地球轨道的途径	● 下一步：使用太空发射系统火箭和“猎户座”航天器飞出近地轨道	

美国国家航空航天局完整的路线图非常详细，上表中只涵盖了最高级别的摘要部分。这个版本中并没有标明时间尺度，但美

国国家航空航天局的目标是在21世纪30年代的某个时间将宇航员送到“火星附近”。

该计划分三步走。第一步被称为“依赖地球”（Earth Reliant），指在地球轨道上进行的活动。当然，这也是美国国家航空航天局过去40年所处的阶段……那它和前往火星又有什么关系呢？这一步能让美国国家航空航天局在相对安全的环境中降低长期太空飞行中的一些关键风险——特别是人类因素可能出现的风险，如人体健康、人体工程学、通信和其他基本的支持技术。

美国国家航空航天局的第二步是“月地空间试验场”（Proving Ground），进行技术测试的地方远离了我们熟悉的地球轨道，比方说，可以在更靠近月球的地方进行测试。正如尼尔·阿姆斯特朗在1969年所说的，这是一次巨大的飞跃。国际空间站在距离地球表面400千米高的地方环绕地球飞行，而月球在其轨道的最远点可以达到40万千米。这里距离地球足够远，能够提供合理的深空环境复本，如果出现紧急情况，宇航员又可以在几天内回到安全的地方。

这一阶段计划在21世纪20年代完成。它需要两个重要的新硬件：“土星5号”重型运载火箭和“阿波罗”飞船的21世纪升级版。前者的命名没什么想象力，被称作太空发射系统（Space Launch System，SLS），而后者被命名为“猎户座”计划（但它和

20世纪50年代由核弹驱动的“猎户座”核航天器无关）。

“猎户座”飞船的载人舱要比“阿波罗”飞船的指令舱更大，内部体积增加约50%，制作材料也更先进。“阿波罗”飞船只能容纳3名宇航员，而“猎户座”飞船却有6个座位的空间——并不是每次飞行都会用到所有座席。和“阿波罗”飞船一样，“猎户座”飞船依靠一个大型服务舱提供动力、生命支持和推进力。目前的计划是由美国国家航空航天局的国际合作伙伴欧洲航天局负责设计，由欧洲空中客车财团（European Airbus consortium）负责制造。这个计划中的服务舱只是欧洲航天局自动转移载具（Automated Transfer Vehicle，ATV）的改良版，它曾被用作国际空间站的补给船。

“猎户座”飞船载人舱于2014年12月首次升空。舱内没有宇航员，载人舱附在服务舱的非功能模块上。航天器在返回地球、降落太平洋之前，在轨道上停留了四个小时。测试取得了成功，整个飞行过程中所有系统都按计划运转（“nominal”是美国国家航空航天局“按计划运转”的行话）。

第一次测试不需要用到太空发射系统，它尚未建成。未来的路还很长。媲美“土星5号”的“太空发射系统2号”（Block 2）版本要到21世纪20年代后期才会发射升空。在那之前，用于初步测试的、较小的Block 1版本只有Block 2版本大约一半的运载能力。在第一次飞行中，Block 1 会把无人的“猎户座”飞船发射到月球周围，然后再返回地球。这可能在 2018 年就会发生。[1] 成功以后会使用升级的 Block 1B 发射系统进行第二次测试，让载人的“猎户座”飞船重复相同的飞行路径。但第二次测试不像“阿波罗”计划的进展速度那么快——在第一次测试后的三四个月内就发生，第二次测试更可能要等到三四年之后。

美国国家航空航天局图表中的“月地空间试验场”部分有一个相当神秘的项目：“访问一个重定向到月球远逆行轨道的小行星”。对不起，这是什么？这不是前往火星的路线图吗？嗯，是的——但这是一个非常谨慎、一步一个脚印的路线图，要等到适当的时机我们才能看清一切。

20 世纪 90 年代以来，美国国家航空航天局一直在研究小行星重定向任务。在撰写本书时，小行星重定向任务的未来仍然充满了疑问。它承受了来自特朗普政府的压力，出现了很多服务于其他目的的提案（见第 121 页）。但该计划最近的一个版本是让机器人探测器去小行星获取一块巨型岩石，将它带到更靠近地球的位置。他们的目标并不是火星轨道外的主要小行星带，而是轨

1　2018 年美国国家航空航天局并未发射 Block 1 以及无人“猎户座”飞船。——编者注

道与地球轨道相交、距离较近的一颗小行星（这类小行星偶尔会撞击地球，带来灾难性的后果，所以我们想要尽可能多地研究它们）。虽然这些小行星可能会与地球有短暂的相遇，但它们大部分时间都和地球距离更远。因此，想要将一大块小行星带到更容易研究的位置，也是合乎逻辑的。这里提到的特定轨道是一个围绕月球的“远逆行轨道”，选定它是考虑到它的长期稳定性，小行星最终不会有坠落地球的危险。美国国家航空航天局的提案显示，到 2025 年，这个小行星就会到达目标位置，搭乘“猎户座”飞船的宇航员很快就能去访问它。

虽然已经有了小行星重定向任务的具体描述，但执行这项任务的原因以及它与火星任务的相关性仍然不够明显。特朗普总统和其他美国政客都心生疑虑，认为这会是国会议员口中所说的一件“浪费时间的分心之事”。不过美国国家航空航天局的工程师并不这样看。他们处理问题的方式可能是缓慢而迂回的，但他们所做的一切都是有道理的。

看看美国国家航空航天局计划的第三步“不依赖地球”（Earth Independent），小行星任务的目的就会变得更加清晰。听起来它的前途一片光明：它是否意味着我们最终要降落在火星上了？也许降落火星是某种终点，而不是起点。这个阶段的最初目的只是到达火星附近。具体来说，美国国家航空航天局的想法是要探索火星的卫星：火卫一和火卫二。它们很小，表面引力也非常小，要比登陆火星表面更加简单。

登陆火卫一和火卫二并不是毫无意义的事情。在火卫一和火卫二上不存在任何明显的无线电延迟，我们可以近距离观察火星表面，更有效地操作火星车。它甚至可以实现某种程度的资源原位利用，因为卫星上可能含有以冰或水合矿物形式存在的水和其他有用的成分。但火卫一和火卫二并没有什么特别之处。如前所述，它们可能只是被火星引力捕获的普通小行星而已。因此，小行星重定向任务能让美国国家航空航天局在离地球更近的地方测试所有必要的技术和程序。

被捕获的小行星还有一个最大的优势——它距离地球只有几天的路程，宇航员可以通过“猎户座”飞船对它进行管理。另一方面，火星任务需要一年多的时间，一旦遇到紧急情况，宇航员是没有办法迅速返回地球的。正是因此，计划的这个阶段才被称为“不依赖地球”阶段。它需要的航天器更大，比如第 4 章中提到的“深空栖息地”。“深空栖息地”和“猎户座”飞船不一样，它还是一个不完善的设计，只是一个名字和一些草图。没有人知道它的最终版本到底会是什么样子，我们甚至也不知道到底是谁会把它造出来。但“深空栖息地”最有可能的配置是一系列能为宇航员提供支持的国际空间站衍生舱和一个新设计的推进装置。这个推进装置可能是电磁离子推进器，或者更可能就是传统的火箭发动机。

深空通道

2017 年 5 月，在本书（英文版）即将出版之时，美国国家航空航天局在华盛顿的“人类登上火星”峰会上公布了一个修订版的火星计划。这个计划的大致轮廓和 2015 年的路线图差不多，它用月球轨道空间站取代了小行星重定向任务。这个被称为“深空通道”（Deep Space Gateway）的计划将发挥类似的降低风险的作用。除此之外，它还将使用与真实火星任务相同的硬件，在相对安全的地月系统中进行为期一年的“火星模拟任务”。

总的来说，美国国家航空航天局的火星计划看起来是非常可行的。从“阿波罗”飞船、“土星 5 号”到“好奇号”、国际空间站，必需的技术已经存在，或者过去早就已经存在了。现在的问题就只是如何把各个部分放在一起，确保它们按照预期的方式运转。就是因为这样，美国国家航空航天局给出的时间规划才长得让人震惊。让我们来看看他们需要多长时间：几年后，“猎户座”飞船进行首次载人飞行；再过几年，在月球轨道上降低技术风险；再过几年，进行第一次火星任务；然后登陆火星卫星，而不是火星表面。

难怪会有人认为，美国国家航空航天局可以走得再快一点。

6

民营企业

▶▶▶

商业太空飞行

“我们看起来像是抓住了龙。”

2016年4月10日，英国宇航员蒂姆·皮克操纵国际空间站的外部机械臂，确实“抓住了龙”——“天龙号”飞船（又称“龙”飞船）。由美国民营企业太空探索技术公司（SpaceX）设计、制造和运营。这是太空探索技术公司与空间站成功对接的第七艘“龙”飞船，民营企业在多个方面取得了胜利。装载在飞船上的是一种名为“毕格罗可扩展活动舱”（BEAM）的新设备，由毕格罗航空公司（Bigelow Aerospace）生产。它简直就像是国际空间站的充气扩展舱，5月时，宇航员就完成了它的安装工作。“天龙号”并不孤单，停靠在下一个泊位的是民营企业运营的另一艘太空补给船——美国轨道ATK公司（Orbital ATK）的“天鹅座”（Cygnus）飞船。

民营企业并非太空飞行领域的新手。“阿波罗”飞船就是由民营的北美航空公司（North American Aviation）制造的，“土星5号”是由北美航空公司和波音公司（Boeing）共同开发的。当然，“阿波罗”飞船和“土星5号”都是美国国家航空航天局设计的，负责制造它们的公司只是根据公司与美国国家航空航天局签订的

太空探索技术公司的飞船于 2016 年 4 月 10 日抵达国际空间站。
（美国国家航空航天局图片）

合同行事。从设计、施工到测试、运营，百分之百全部由民营企业负责的航天器，这个新概念也是近年来才出现的。

太空飞行的资金可能最终还是来源于政府，但不同的地方在于，现在政府是在为一项服务付费，就像它为快递服务付费一样，而不再是花钱购买一个硬件。这种新的商业模式就是已经实际应用于美国国家航空航天局的商业补给服务（Commercial Resupply Services，CRS），它包括通过企业运营的航天器向国际空间站运送货物和物资的一系列合同。目前，该合同分属两个供应商：埃隆·马斯克的太空探索技术公司，使用“天龙号”飞船和“猎鹰

9号”（Falcon 9）运载火箭；轨道ATK公司，使用“天鹅座”飞船和“心宿二”运载火箭（Antares）。

这种商业模式的关键在于，承担财务风险的是商业供应商而非“客户”。尽管美国国家航空航天局会在商业补给服务交付时付费，但所有前期的开发成本都由私人投资者承担。这和过去的方式有很大的不同，但似乎效果也还不错，甚至可以说比过去40年美国国家航空航天局自己做得还要好。

我们很难相信，直到2008年9月，太空探索技术公司才成功完成了首次太空飞行，利用“猎鹰1号”运载火箭在轨道上成功模拟释放了一颗虚拟卫星。又过了两年多的时间，2010年12月，体型更大的“猎鹰9号”运载火箭将第一艘“天龙号”飞船送入轨道。2012年10月，“天龙号”在第一次商业补给服务中向国际空间站提供了大量物资，开始盈利。时隔不到一年，2013年9月，轨道ATK公司用“天鹅座”飞船的一个太空舱完成了同样的任务。

这样的进步速度给人留下了深刻的印象，如果和美国国家航空航天局“猎户座”项目的缓慢进展速度相比，就更是如此。事实上，民营公司正在和陡峭的学习曲线，或者说得更直白一些，是在和一系列的失败做斗争。2014年10月，“心宿二”火箭升空不久就发生了爆炸，轨道ATK公司的第三次商业补给服务不得不提前结束。太空探索技术公司在成功完成6次商业补给服务后，也遭遇了第一次失败，在 2015 年 6 月发射火箭后发生了类似的爆炸。而在 2016 年 9 月，太空探索技术公司遭遇了第二次挫折，当时另一枚“猎鹰 9 号”火箭在飞行前的测试期间在发射台上被炸毁，这次的目标并不是要抵达国际空间站，而是要将商业卫星送入轨道。我们沮丧地发现，这样的挫折在研发新火箭的过程中并不罕见。比如 20 世纪 50 年代美国前十次卫星发射中就有一半以失败告终。从这个角度来看，太空探索技术公司和轨道 ATK 公司已经表现得相当不错了。

民营公司不只是在追赶美国国家航空航天局的步伐。尤其是太空探索技术公司，他们正在用“天龙号”做一些前所未有的事情：“天龙号”是第一个在完成任务后成功回到地球的国际空间站在轨补给航天器。此前，由政府制造的类似补给用航天器，如欧洲的自动转移载具和俄罗斯的“进步号”（Progress）按照设计最后都在地球的大气层烧毁，“天龙号”的商业竞争对手“天鹅座”飞船也是如此。但“天龙号”制造得就像一个“阿波罗”飞船指令舱一样，有隔热罩和减速伞，可以像“阿波罗”飞船那样降落在太平洋里。也就是说，“天龙号”很容易在改造后用于载人航天任务：它的总加压量与美国国家航空航天局“猎户座”飞船太空舱的加压量相当。埃隆·马斯克开玩笑说，即便就是现在这种形式的“天龙号”，也能带着偷渡者飞往国际空间站再返回地球。

真正实现载人的“天龙号”是“天龙 2 号”，目前已经投入使用。“天龙 2 号”采用和“天龙号”货运飞船相同的基本舱体设计，大小也相同，能容纳 7 名宇航员，比美国国家航空航天局“猎户座”飞船的 6 座还要多一个。“天龙 2 号”最初的设计用途是将宇航员送到国际空间站，这种安排和商业补给服务差不多，称为商业载人计划（Commercial Crew Programme，CCP）。首次飞行最早可能在 2018 年进行。[1]

跟早期的“阿波罗”“联盟号”等载人飞船及现在的“天龙号”货运飞船一样，“天龙 2 号”利用隔热罩和空气动力制动进入地球大气层，将速度减到亚音速（Subsonic Speed）。但从这个阶段开始，“天龙 2 号”的设计不再是之前靠减速伞让航天器减速、下降的技术。“天龙 2 号”只会在紧急情况下使用减速伞，在正常的着陆模式中，它将使用推力向上的制动火箭让航天器减速，逐步降落到地面。航天器将垂直降落，伸开四条着陆支架，降落的精确度和直升机的降落精确度一样高。

这种精确控制的着陆方式不仅比“阿波罗”飞船的着陆更好看，也有更切实的好处。这样降落的航天器可以多次重复使用，

1 载人版“天龙号”飞船的首次载人飞行任务推迟到了 2020 年，于 2020 年 5 月底成功实施。——编者注

用于不同的任务。同样，太空探索技术公司的“猎鹰 9 号”火箭也被设计成了一体式回收舱结构，可以重复使用。这种设计理念和美国国家航空航天局的运载火箭完全不同，美国国家航空航天局的运载火箭会在上升过程中消耗掉所有燃料，然后落到海里。而“猎鹰 9 号”会在降落过程中继续利用火箭减速，垂直降落在一个精确选择的位置。这不是一件容易的事，太空探索技术公司的前几次尝试也都以失败告终。但 2015 年 12 月，这项技术终于得到了完善，取得了多次成功。

太空探索技术公司并不是第一家实现运载火箭受控着陆的公司。这一荣誉属于太空探索技术公司的竞争对手——蓝色起源公司（Blue Origin），它由亚马逊公司（Amazon）的创始人杰夫·贝佐斯（Jeff Bezos）运营。和“猎鹰 9 号”一样，蓝色起源公司的“新谢泼德”（New Shepard）火箭也被设计成了垂直降落，这一伟大设计于 2015 年 11 月取得了首次成功。同样的火箭又继续发射、降落了四次。但“新谢泼德”的威力没有“猎鹰 9 号”大，无法将有效载荷送入轨道，只能进行亚轨道飞行。1961 年艾伦·谢泼德（Alan Shepard）就是靠亚轨道飞行成为第一个美国太空人（蓝色起源公司的火箭就是以他的名字命名的）。

蓝色起源公司的商业模式和太空探索技术公司也有所不同。杰夫·贝佐斯正在瞄准太空发射服务的全新客户——普通大众。

太空旅游还是一个新市场，但蓝色起源公司和它的许多竞争对手可以逐渐成长，在了解什么有益、什么无益的同时找到前进的方向。实际上，蓝色起源公司遵循的不是目标驱动模式，而是美国国家航空航天局那样的创新驱动模式，他们最开始迈出的几步只是为了建立太空旅游业务的可行性。

蓝色起源公司缓慢但坚定的发展路线反映在公司的拉丁语格言中："一步一步，勇往直前（gradatim ferociter）。"在该公司的标志上有一对乌龟，来源于伊索寓言中龟兔赛跑的故事。故事中最终赢得比赛的是乌龟，而在现实世界里，第一批飞临月球的生物也是一对苏联乌龟（搭乘 1968 年 9 月的"探测器 5 号"）。在民营企业的太空竞赛中，埃隆·马斯克的太空探索技术公司无疑就是那只兔子了，而蓝色起源公司可能并没有真正落后。

这些公司宣扬的可重复利用性并不是一个新概念，毕竟美国国家航空航天局航天飞机的轨道器组件就是可以重复利用的。但之前的可重复利用方式那么复杂、那么昂贵，这些公司宣扬的"可重复利用性"必然可以算是一个全新的概念了。可重复利用性加上更简单的设计，比如"新谢泼德"和"猎鹰 9 号"，能够大幅度节约成本，让太空旅行变得更加实惠。经济实惠正是火星竞赛的一个关键因素。正如埃隆·马斯克 2015 年 6 月所说：

> 如果能知道怎么让火箭像飞机一样可以有效地重复使

用，进入太空的成本就能降低为此前的百分之一。在这之前，我们从未建造过可以完全重复使用的太空舱。这确实是可以彻底改变太空飞行的一大根本性突破。

马斯克对太空的整体态度和美国国家航空航天局不同。美国国家航空航天局强调安全可靠，马斯克强调成本效益；美国国家航空航天局缓慢而谨慎，而马斯克想要尽快完成任务。这也反映了公共部门和民营企业之间长期存在的文化差异。不过，美国国家航空航天局可是太空探索技术公司的头号客户，这些文化差异可能会导致两者之间的摩擦。2016 年 9 月，太空探索技术公司遭遇发射台爆炸之后，就出现了这方面的问题。他们调查后发现，事故的发生是因为运载火箭犯了一个永远不应该犯的错误，这是一个除了太空探索技术公司之外任何人都不可能犯的错误。“猎鹰 9 号”运载火箭的一个独特之处在于，它使用温度非常低的液氧。液氧并没有什么不寻常，大多数运载火箭都是用的它。但太空探索技术公司却把它冷却到了比其他运载火箭所要求的低得多的温度，已经接近了氧气的冰点。这种“过冷”处理是为了增加火箭的功率和效率，但它也让氧气产生了更难处理的副作用。在 2016 年的这次事故中，似乎就是因为氧气被冷却过度，被冻住了。如果火箭顶部不是通信卫星而是载人的“天龙号”飞船，那这次爆炸可能足以令飞船中的宇航员丧命。

这给美国国家航空航天局的人带来了很大的困扰。他们不仅不会将氧气过度冷却到那个程度，也永远不会妄想给载有宇航员的火箭补充燃料。但在太空探索技术公司的方案中，氧气必须在最后一分钟加注。在载人航天任务中，这个时间点就是在宇航员进舱准备就位之后。有趣的是，反对这种做法的人中还包括前宇航员汤姆·斯塔福德。在1969年，他就很有安全意识，拒绝将他的“阿波罗10号”任务从一次试飞直接升级成一项登月任务。此时的他是美国国家航空航天局国际空间站咨询委员会（ISS Advisory Committee）的主席，他认为任何类型的燃料补充都是“危险操作”，在准备发射的过程中任何人都不应该靠近发射台。

让生命多星球化

太空探索技术公司很高兴为美国国家航空航天局提供商业补给服务和商业载人计划等地球轨道服务，这是其借助太空旅行赚钱的好方法。但公司真正的兴趣落在更远的地方，就像该企业的座右铭一样，“让生命多星球化”（Making Life Multiplanetary）。2016年9月，在第67届国际宇航大会（the 67th International Astronautical Congress）上，埃隆·马斯克在演讲中做了详细说明。他这次演讲的重点是火星之旅，马斯克认为火星之旅不仅在技术层面是可行的，在商业层面也是可行的。他着重强调，通过轨道燃料补给和火星上的资源原位利用技术，可以实现燃料资源的重复有效利用。

马斯克也没有忽视未来的太空硬件。他介绍了太空探索技术公司将如何开发一种全新的运载火箭，用于火星飞行及其他飞行。这种运载火箭的威力是“土星5号”的三到四倍，暂时被称为行星际运输系统（Interplanetary Transport System，ITS），在未来的某个时间它可能会有一个更有吸引力的名字。虽然行星际运输系统还只是一个纸上概念，但它庞大的“猛禽”（Raptor）发动机已经开始开发了，第一次试运行就发生在马斯克演讲的前一天。“猛禽”发动机有一个非比寻常的特点，它使用的燃料是甲烷，而不是煤油或氢气。这不仅是因为甲烷的生产成本比氢更低，还因为甲烷比煤油更有利于实现载具的重复利用。更重要的是，甲烷是迄今为止在火星上最容易合成的燃料。在马斯克看来，将甲烷标准化，势在必行。

行星际运输系统的运载火箭将采用42台“猛禽”发动机。这42台发动机一台都不能少，因为在这些发动机上方是一个大得多的有效载荷，马斯克把它称为“宇宙飞船”（Spaceship）。这个词在过去经历了过度炒作，但在这种情况下它这么叫却是合理的。飞船长50米，约为标准足球场长度的一半。马斯克提出，飞船可以容下100名乘客和宇航员。整个飞船降落在火星上之后，会合成更多的燃料，然后再次朝着地球出发。宇宙飞船及其运载火箭都可以一次又一次完全重复使用。马斯克认为借助这种方式，每吨载荷的成本可以降低到可负担的水平。他表示，太空探索技术公司飞往火星的“航班”可能会从21世纪20年代中期开始。

马斯克2016年的演讲更多是针对那些有钱的投资者，而不是想要说服那些顽固的工程师。至于后者，我们从马斯克的记录中可以看出，他知道如何将事实与虚构分开，将现实与投机分开。太空探索技术公司近期的火星计划看起来都很有可能实现，这些计划的核心是“红龙号”（Red Dragon），“天龙2号”的不载人变体。“红龙号”将被太空探索技术公司新的“猎鹰”重型火箭发射到火星，这种火箭的威力要比“猎鹰9号”更强大。第一次发射可能发生在2018年的霍曼窗口期间[1]……“红龙号”和美国国家航空航天局或欧洲航天局的任务不一样，在它发射之前，不会有一堆无休止、绞尽脑汁要实现的科学目标。这次飞行的目的明确又简单：测试可以在下一个或者下下个霍曼窗口的载人飞行任务上使用的设备和程序。

使用“天龙2号”变体的好处在于，人们已经知道如何在行星上降落。经过相对较小的修改后，在地球上使用的隔热罩和推

---

1 埃隆·马斯克于2017年7月19日宣布放弃“天龙号”的发动机反推着陆计划，受此影响，“红龙号”任务也被取消。——编者注

进式着陆的组合体可以同样用于登陆火星——就像艺术家笔下描绘的那样，见下图。

艺术家笔下的“红龙号”登陆火星场景图。

埃隆·马斯克并不是唯一一个思考如何利用太空探索技术公司的硬件前往火星的人。2013 年，罗伯特·朱布林基于“猎鹰 9 号”火箭和“天龙号”飞船提出了他的“直达火星”计划的缩小版。他的计划需要发射三次“猎鹰”重型火箭：一次将载人的“天龙号”送入太空，另外两次携带支持设备。支持设备包括火星上升载具，这是该计划需要的唯一一个全新配件。“天龙号”的最大容量为 7 人，但在朱布林的提案中，飞船上只有两名宇航员。旅程中的其他空间将由一个直径 6 米、长 8 米的充气式扩展舱提供，它实际上就是 2016 年 5 月加入国际空间站的毕格罗可扩展活动舱的放大版。扩展舱由厚厚的柔性结构层和铝制框架构成，可以被紧紧地包裹好送到轨道，通过加压扩展到全尺寸。朱布林设想的这个扩展舱将为每个宇航员提供超过 100 立方米的空间，对于往返火星的旅程来说，这个大小已经十分舒适了。

人的兴趣

从目前的运营状况来看，太空探索技术公司的商业模式在太空探索领域可能比较新颖，但它从根本上来讲仍然是传统的。民营企业提供服务，将有效载荷送入地球轨道，客户为该服务付费。虽然它的部分客户是希望将私人卫星送入轨道的商业公司，但大部分收入仍然是通过美国国家航空航天局的商业补给服务和商业载人计划合同获得，这些收入来自美国政府，并最终来自纳税人。

人类飞往火星的旅程不会如此。火星之旅不会像轨道运营那样，立即获得投资回报。埃隆・马斯克对红色星球的愿景与美国国家航空航天局不同。美国国家航空航天局的重点是科学，而马斯克则是以人为本。这就要求太空飞行任务有全新的资金来源。

如何实现这一点还有待观察。从 2016 年 9 月广为人知的那场演讲来看，马斯克显然是在寻求超级富豪的私人支持，他为他们提供的不是经济回报，而是未来的利益。其中一部分是对利他主义慈善精神的呼吁：有机会帮助塑造人类物种的未来，使其扩展到地球之外……甚至可能在下一次全球性灾难袭击地球时避免地球物种的彻底灭绝。我们也可以不用说得那么沉重：那些负担得起票价的人为什么不能单纯为了旅行的乐趣和兴奋前往火星呢？马斯克正在说服那些可能在1万吨级的超级游艇或小型热带岛屿上大肆挥霍、一掷千金的人。从这个角度来看，火星任务纯粹是人的兴趣所在，这也成了它的一个驱动因素。埃隆·马斯克谈到火星时，工程设计仍然不受人关注，主要的焦点在于载人，它不再只是“宇航员”，还包括“乘客”。其他火星爱好者则更进了一步，他们专注于火星之旅与人类有关的方方面面，而不是（对很多人来说沉闷而乏味的）技术方面。

对于自筹资金的火星旅程来说，诸如此类的问题至关重要。科幻小说作家格雷戈里·本福德（Gregory Benford）在他1999年的小说《火星竞赛》（*The Martian Race*）中向我们展示了进行探索之旅和利用人的兴趣赚钱这两者之间并不存在根本的矛盾。他在书中引用了南极探险家欧内斯特·沙克尔顿（Ernest Shackleton）的具体例子：

> 对沙克尔顿来说，自我推销一直必不可少。他利用与媒体相关的各种方式筹到了全部费用：他在出发之前拍卖了新闻和图片版权，带着特别的邮票去了南极。他成功之后，他

最受欢迎的书被翻译成了九种语言。他把自己的远征船改装成一个博物馆，向观众收取入场费。他不仅利用演讲、留声机唱片，以及第一部南极电影、无数的报纸采访在历史中留下了自己的痕迹，也收获了不少的财富。

“火星1号”（Mars One）计划就是本福德作品中那种虚构企业的计划的现实版。该计划起源于2012年，是荷兰年轻企业家巴斯·兰斯德普（Bas Lansdorp）的心血。当然，荷兰就是经典的电视真人秀节目《老大哥》诞生的地方，这个真人秀为兰斯德普的提案提供了资金支持。简单来讲，《老大哥》节目将通过全程展示“火星1号”计划来集资。乍一看，这个想法是有道理的，成功的电视节目当然可以赚到大钱。但这种办法与太空飞行的实用性会兼容吗？电视真人秀中充满了冲突和矛盾，这些通常都是制片人人为设计出来提高收视率的，但太空任务不需要冲突。第4章中提到，宇航员的挑选和真人秀参与者的挑选是完全相反的。如果尼尔·阿姆斯特朗去《老大哥》试镜，那制片人肯定会在写字板上写下“无聊”两个字，然后把他打发走。

讽刺的是，“阿波罗”计划成功之后没几年，第一部《星球大战》（*Star Wars*）电影上映，好莱坞科幻大片随之崛起。从那时起，以前只能吸引一些小众群体的太空旅行故事已经能够大范围地抓住公众的眼球。与此同时，现实生活中的太空任务则出现了相反的发展趋势，几乎只能引起一小群爱好者的注意。欧洲航天局的“罗塞塔”（Rosetta）任务于 2014 年往彗星 67P 上发射了一颗小型探测器，这是最近一次真正让欧洲公众感到兴奋的太空壮举。即便如此，在和“罗塞塔”科技成就有关的所有讨论中，只有一个大众感兴趣的点可以登上《老大哥》节目的舞台：“罗塞塔”的一位项目科学家在新闻发布会上穿了一件政治不正确的衬衫，吸引了人们的注意。

在谈到人类的太空飞行历史时，人们常常指出，“阿波罗 11 号”的降落是在“整个世界都瞩目”的辉煌时期……但实际上那也只持续了几天时间。而在火星任务中，需要一周又一周，持续几年地保持人们的兴趣。如果一切和预期一样，就像美国国家航空航天局所说的那样，那根本就不会发生。你可以想象，制片人会有多么迫切地希望能发生一次“阿波罗 13 号”那样的危机（“阿波罗 13 号”任务被誉为“最成功的一次失败”）。

为了与大众的兴趣保持一致，“火星 1 号”计划迄今为止的活动都只涉及宇航员的选拔和火星栖息地的设计等。关于从地球抵达火星的技术细节还非常模糊。“火星 1 号”计划似乎在很大程度上依赖于其他机构，尤其是太空探索技术公司，后者在技术开发方面做了大量工作，“火星 1 号”团队可以在准备开始时找他们购买必要的“现成”配件。

除了兰斯德普自己的团队外，人们对“火星1号”计划的大部分报道的印象都是负面的。麻省理工学院的一项独立研究得出了一个直截了当的结论：“公开描述的‘火星1号’任务，是不可行的。”甚至连该项目的公开支持者之一，诺贝尔奖得主，物理学家杰勒德·特·胡夫特（Gerard't Hooft）也表示，兰斯德普的时间表和他的成本计算都乐观了十倍。

“火星1号”计划的最大缺陷可能不在于它的商业模式或技术可行性，而在于它把关注点一开始就放到了火星上。如果兰斯德普的“独特卖点”是太空真人秀的概念，那为什么一定要在火星呢？为什么要试图解决连更有经验的机构都还未解决的一系列问题，让事情变得更加困难呢？如果是把参加真人秀的人送入地球轨道，让他们身处太空实验室一样的空间站里，那就要简单得多。这样做还能确保兰斯德普这一商业模式的可行性，需要的前期投资和要承担的风险都只有“火星1号”计划的一小部分。这个系列节目也许会成功，也许不会。如果它最后获利了，那才是该开始考虑把后续系列节目放在火星上的好时机。

大约在“火星1号”计划提出的同一时间，一位名叫丹尼斯·蒂托（Dennis Tito）的美国商人在他的灵感火星基金会（Inspiration Mars Foundation）赞助下，提出了一个听起来不那么野心勃勃的提案。作为全球第一个太空游客，蒂托的名字已经在太空历史上褪色了。早在2001年，他就花费重金在“联盟号”飞船飞往国际空间站的行程中买了一个座位，在国际空间站上待了一周时间。就像他很乐意为这次旅行买单一样，他也相信私人赞助的火星之旅是完全可行的。

和“火星1号”计划一样，蒂托的提案兼顾了人类兴趣和科学方面。但他比兰斯德普更仔细地研究了技术细节，让“灵感火星”提案看起来是可行的——至少在原则上是可行的。他的提案中只有两名宇航员会绕飞火星一圈，然后立即返回地球。他们不会进行任何复杂的操作以进入火星轨道，更不会降落在火星表面。这两名宇航员会是一对已婚夫妇，因为夫妇最容易在只有彼此的陪伴中度过500天的飞行时间。

表面看来，蒂托的提案是一个完全合理的第一步，虽然它的主要成就是象征性的，只是能让人类说“是的，我们去过火星”，但这次飞行也有实际的好处，它能测试一些硬件和系统，这些硬件和系统在之后更有野心的任务中都会用到。问题在于，“灵感火星”提案和“火星1号”计划一样，要从太空探索技术公司购买所有必需的硬件才能开展。这就会存在一个问题：蒂托的提案和太空探索技术公司自己的计划不相符。埃隆·马斯克对飞抵火星后直接返回地球这件事并不感兴趣，他想要看到的是人类能够永远住在火星。

7

火星生活

▶▶▶

火星殖民

> 在我看来，实际上有两条路可走。历史将沿着两个方向分岔。走这条路，我们永远留在地球上，然后最终出现一些灭绝事件——我并不是预言世界末日立即就会到来……我只是说将会有一些世界末日事件出现。走另一条路，我们就要成为一个航天文明和多行星物种。

2016年9月，埃隆·马斯克在国际宇航大会上发言，他认为火星殖民地不是一种奢侈品，而是一种必需品。被局限在一个星球上就像把所有的鸡蛋都放在一个篮子里。马斯克提到的“一些世界末日事件”并非危言耸听，而是事实。有关地球上已灭绝的物种的记录表明，如果有足够的时间，确实会发生全球范围内的灾难。在火星上站稳脚跟意味着人类总有第二次机会。

马斯克的火星殖民地项目将使用太空探索技术公司体型巨大、可重复使用的行星际运输系统，一次携带一百人前往火星。这种运输不会只进行一两次，它会有一个连续的时间表，在每个霍曼发射窗口至少都会有一次飞行任务。马斯克口中的“让生命多星球化”是认真的。行星际运输系统上的一部分乘客会是短期游客，但其他乘客将留在火星上工作，建立自给自足的基础设施。

生活在另一个星球上并不是一件容易的事。马斯克不像一些火星爱好者那样想要掩饰这些困难。早期定居者将高度依赖来自地球的供应。火星上也有一些有用的原位资源，这也是选择火星、不选择月球的原因之一。但所有这些资源都需要借助专门的设备才能获得。水可以从地下冰中提取，氧气来源于大气中的二氧化碳；在火星上种植植物也有助于提供氧气，同时还可以提供食物来源；太阳能电池板可以从太阳获取电力。所有这些都要依靠从地球运来的硬件设备。因此，马斯克的计划中涵盖了一批大型载货飞船和载人飞船。

不是只有马斯克一个人有这样的长期愿景。时任美国国家航空航天局局长、前宇航员查尔斯·博尔登（Charles Bolden）也发表过类似的观点。2014 年 4 月，他说了一番话，听起来就像是在给太空探索技术公司做宣传：

> 如果我们想要无限期地生存下去，就要成为一个多星球的物种，我们要去到火星，火星是去往太阳系其他地方的第一步。

注意，这是博尔登公开支持美国国家航空航天局逐步前往火星的“依赖地球—月地空间试验场—不依赖地球”路线（第 5 章中我们提到过）时所说的话。他强调登陆火星本身并不是最终目的，只是迈出了漫长旅程的一步。这和 20 世纪 70 年代尼克松总统否决“阿波罗”计划版本的火星任务有很大不同。如果这些计划取得了进展，美国国家航空航天局的宇航员可能会在 20 世纪 80 年代就登陆火星。但就像他们在月球上的前辈一样，他们只会简单地插下一面旗帜，采集一些岩石样本，只把旗子留在那里。事实上，这正是史蒂芬·巴克斯特在他的另类历史小说《远航》中描绘的情景。从这个角度来看，如果我们最终想要的结果是一个自给自足的火星殖民地，也许这段火星之旅开始得慢一点才是合理的。

马斯克和博尔登的火星殖民计划虽然是长期计划，但都兼具可行性和现实意义。其他人还提出了一种不同的方法，他们将火星殖民地视为整个过程的第一步，而不是最终目标。这个“留在火星”（Mars to Stay）的理念由美国前宇航员巴兹·奥尔德林等人提出。他们的思考源于一个无可争辩的事实：单程火星旅行比双向旅行更容易实现。所以，为什么要让短期探险者而不是永久定居者乘坐宇宙飞船呢？他们的想法是，让永久定居者前往火星会更加划算，因为这就不需要火星上升载具或是返程的飞船。但这种想法忽略了大量的硬件和物资需求，这些硬件和物资必须从地球运到火星，保障火星殖民地的自给自足。可惜，“留在火星”计划虽然想要留在火星，但结局却适得其反。

要在火星上实现可持续的存在，更慢、更谨慎的路线会更合理。这可能需要几十年的时间，但最终，新生的殖民地可以从当地环境获取所有的空气、水、燃料和建筑材料。殖民者可以在巨大的温室里，利用添加了适当营养物质的火星土壤种植食用植物。火星上肯定能获得足够的阳光，因此生活在火星上是切实可行的。火星距离太阳比地球距离太阳更远，在火星上并没有多云这种天气，只是偶尔会出现沙尘暴。不过，还要考虑另一个更严重的问题——辐射。

在第 4 章中，我们提到，太空中的主要辐射危害来自构成太阳风和宇宙射线的高速带电粒子。在地球上，地球磁场使带电粒子的路径偏折，让我们免受这种辐射的危害。但火星没有这种磁场，宇宙射线和太阳风会不受阻碍地击打火星表面。这让任何想成为火星“园艺家”的人陷入进退两难的选择：植物需要阳光才能茁壮成长，但如果将它们暴露在温室中的阳光下，它们又会接触到有害的辐射。

还好，有另一种方法可以种植可能更适合火星殖民地环境的作物。水培法是指在人造灯阵列下而非阳光下、在营养饱和的水中而非土壤中种植植物。地球上的水培法通常与印度大麻的过度繁殖联系在一起。但其实它也是科幻小说作者长期钟情的一种种植法，他们很早就意识到水培法将是在飞船上种植食用植物最简单的方法。这是完全正确的，国际空间站宇航员用来种植生菜的系统就是利用的水培法。显然，水培法也是我们在火星上要用到的方法，因为它可以实现在严密控制的条件下，在一个防辐射的良好环境中种植作物。这个过程中仍然会用到太阳光，但只是间接地通过太阳能电池板为 LED 灯阵供电。

当然，植物的情况是如此，人类殖民者的情况也是一样：他们需要值得信赖的日常保护设施来抵御宇宙辐射。在最早期的任务中，必须将地表居住舱从地球送到火星，它们的质量一定要轻。它们最有可能是可扩展的预制太空舱，就像前一章中提到的国际空间站上的毕格罗可扩展活动舱一样。这样的居住舱将为为期一个月左右的短期任务提供足够的保护，但却不能让人长期停留。这种情况下，我们可以使用相同的基本居住舱，但是将部分舱体掩埋在火星土壤中，以防止辐射。如果地下冰层像许多人所认为的那样多，那我们还有另一种选择——火星冰屋：一个被厚厚的冰壳包裹起来的充气圆顶建筑。

考虑到永久殖民地所需的一切，只有可充气的居住舱是远远不够的。想要从地球运输任何更大的东西也不切实际，唯一的选择就是使用当地可用的材料，在原地建造需要的东西。历史悠久的建筑技术可以完成这些任务：建造房屋，而且这些房屋足够坚固，可以实现加压。殖民者也可以采用更高科技的替代品，如利用 3D 打印技术。2015 年，美国国家航空航天局开展了一项旨在开拓建筑概念的竞赛，利用3D打印技术提供的独特功能，利用这种技术和原位资源，设想火星栖息地可能的样子。下图就是其中一幅入围作品。

美国国家航空航天局“3D打印居住舱挑战赛”中的一幅入围作品。
（美国国家航空航天局图片）

如果有足够的时间、精力和才智，人类殖民者可以让火星转变成为一个可以供人类生存的地方。然而，想要在火星上长期存在，殖民地不仅要适合生存，还需要在经济和文化方面蓬勃发展。它会怎么做呢?

火星的可持续性

火星“在太空中”，它的第一代殖民者都将成为太空旅行者。也就是说，他们说不定可以靠太空谋生。组成火星附近小行星带的主要物质就是一个巨大的、潜在的财富来源。不论是从传统距离上的意义来讲，还是从火箭科学意义上的 Δv 来讲，这部分小行星带距离火星明显要比距离地球更近。和第 2 章中提到的一样，在涉及太空飞行的可行性时，这一点是关键：如果起点是火星而不是地球，到达小行星带中心地带所需的 Δv 就能减半。

构成这些小行星的基本元素和地球相同，包括兼具社会价值和工业价值的金属，如金、铂、铑和钯。小行星的尺寸小、引力弱，发现、提取这些矿物要比在地球上更加简单，至少从原理上来说是这样的。“小行星采矿”是科幻小说中很老套的情节了，很多人希望能在不久的将来看到它变成现实。2012 年，民营性质的行星资源公司（Planetary Resources Inc.）成立，其目的之一就是要探索小行星采矿的可能性。不过这种风险投资能否有足够的收入用来支付运输成本，还有待观察。

有一点可能会让人感到吃惊，对基于火星殖民地发展小行星采矿这一想法持怀疑态度的人竟然是埃隆·马斯克。他认为红色星球更应该出口那些“可以用光子而不是原子来运输的东西”。物质都由原子组成，都是有质量的。质量是太空运输成本增加的原因。而无线电信号和其他电磁波一样，是以无质量的光子形式从 A 点传输到 B 点。这种方式要便宜得多，也快得多。但它只能传输信息，不能运输实物。因此，马斯克认为未来的火星殖民者应该集中向地球出口“信息”。

一直以来都对火星探索表示支持的罗伯特·朱布林也同意马斯克的观点，认为火星主要的“出口”可能是专利类的新技术发明。这有一定道理，员工人均年营业额最高的公司往往是那些拥有大量注册专利的公司。他们向其他公司发放“知识产权”许可，获取大部分的收入，其他公司从事实际的制造和销售工作。

火星殖民地将成为科学创新温床的想法来源于克拉克 1951 年的小说《火星之沙》。我们不难理解克拉克为什么会有这样的看法。在他创作之时，还很少有人对太空旅行感兴趣，感兴趣的人往往智力、创造力都超出了平均水平且具备科学素养。克拉克错就错在他假设在太空旅行变得普遍之后，情况也会是这样。但历史却走向了相反的方向。在同一时间，20 世纪中期，世界各地的物理实验室中出现了晶体管和数字计算机等新技术。在公众中，只有极其爱好科学的人才会意识到这些事情，人数甚至比了解太空旅行可能性的人还要少。但这难道就意味着科学界人士将成为唯一接受新数码和电子技术的人吗？事情的结果当然不是这样。

此时此刻，我们身处地球，很难预测未来的火星殖民地将如何长期发挥作用。因为归根结底，是殖民者自己要开辟自己前进的道路。艾萨克·阿西莫夫 1952 年的短篇小说《火星方式》背后隐藏的想法就是这样的。小说中的殖民地人民开始将自己看作一个独特的社会，有自己的优先事项和价值观，仍然处在不情愿地依赖地球的时代。与此同时，地球人对于在火星上拥有殖民地的新鲜感已经开始消失。一些政客甚至要求放弃整个项目，认为它只是一味地在消耗地球的经济。

在阿西莫夫的故事中，水是殖民者面临的最大难题。他们必须从地球进口大部分的水，从长远来看，这显然是不可持续的。故事的标题《火星方式》暗示了他们的解决方案，从土星环中“挖掘”大块的冰块。事实上，对真正的火星殖民者来说，水可能不是最主要的问题，因为火星上似乎就有很多冰存在。《火星方式》对火星上的生存条件还是过于悲观了，这在 20 世纪的科幻小说中很罕见。

克拉克在《火星之沙》中也描绘了类似的政治形势。在小说中，克拉克借火星殖民地行政长官之口，说出了这样的话（殖民地行政长官名叫哈德菲尔德。有趣的是，21 世纪早期一位最著名的天文学家恰好和他同名）：

> 我们正在与火星和火星上可以对抗我们的所有力量对战——寒冷、缺水、缺少空气。我们也在与地球对战。这确

实是一场纸上谈兵，但它仍存在胜负之分。想象一下，我奋战在一条长逾5 000万千米的供应线末端，最紧急的物资至少要5个月才能送到我手中。如果地球方面确定我不能以任何其他方式得到物资，我就只能依靠这条供应线。我想你们已经明白我是在为什么而奋战了，我的最大目标就是要实现自给自足。

在《火星之沙》中，自给自足的最终障碍并不像缺水那么直接，而是自由的根本性缺失。无论殖民者拥有多少水、空气和食物，火星恶劣的基本环境让一切都必须被限制在加压的圆顶建筑内。他们为什么不能像在地球上一样，自由地漫游整个星球？在克拉克的小说中，殖民者利用他们的科学创造力提出了一个解决方案，就像前面提到的那样，这个方案被描绘成他们的一大优势。

在《火星之沙》的创作时期，人们以为的火星大气要比实际情况厚得多。火星上的空气中没有氧气，是不能呼吸的，其中二氧化碳的含量还很高，有毒。就像5亿年前的地球一样，只要周围有大量的植被将二氧化碳转化为氧气，这两个问题都可以解决。但这个过程需要的温暖和阳光超出了火星拥有的量。克拉克的解决方案是在火星的内卫星——火卫一的中心发起一种自我维持的“介子共振反应”（Meson Resonance Reaction），把这颗小行星变成一个微型太阳，持续燃烧1 000年左右，为植物提供急需的热量和光线，让它们在红色星球上茁壮成长。

地球化

克拉克在《火星之沙》中描述的就是一个地球化（terraforming）的例子，是让外星球变得更像地球的一种假想做法。科幻作家在真正的科学家之前就已经想出了这个主意。对科学家而言，“地球化”这个话题仍然以大量的猜测为基础。但它的基本主张是有效的，火星可以通过加热变得更宜居。甚至有些地球化的支持者，如史蒂芬·彼得拉内克（Stephen Petranek），认为可以让火星极冠中冰冻的二氧化碳蒸发，来解决大气稀薄的问题。这样就会产生一个良性的反馈循环：让火星变暖可以使大气层变厚，大气层变厚又能使火星进一步变暖。这一切都是温室效应的缘故。

地球和月球距离太阳几乎一样远，但月球的夜晚要比地球的夜晚更冷。这主要是因为地球有大气层，有温室效应，而月球没有。地球大气层中的某些气体，特别是二氧化碳，能像温室的玻璃一样保温。过多的二氧化碳会使地球过热，“温室效应”这个词常常以负面形象出现。但如果没有任何温室效应的话，地球又会变得太冷，今天的火星基本就是这个情况。

彼得拉内克提议人为加热火星极点，让它释放更多的二氧化碳到大气中，触发温室效应，让火星变得更像地球。但这个过程要怎么开始呢？克拉克的“介子共振反应”起不了作用，原因很简单，因为这种反应是虚构出来的。不过，还有其他方法可以实现这个目标。彼得拉内克建议利用巨大的轨道镜提供热量，或者通过小行星撞击火星制造核弹级爆炸，或者在火星上投放基因改造后能够代谢二氧化碳的微生物。

彼得拉内克等火星爱好者口中的地球化进程听起来很简单，但实践起来可能要困难得多。如果说我们从地球上学到了什么，那一定是：全球生态系统是一个极其复杂、自我互动的机制，其中微小的变化可能会产生巨大的后果。地球的气候变化历史悠久，寒冷的冰期和温暖的间冰期交错，氧气含量水平以两倍的幅度波动，二氧化碳含量波动幅度达到了10倍。当然，这是一个颇具争议性的话题，我们没有理由认为另一个星球的大气层会比地球自己的大气层更容易掌握。

无论如何，地球化假设中未来的火星殖民者会希望生活在尽可能接近地球的环境中，是我们把自己的世界观投射到了后代身上。本着阿西莫夫《火星方式》的精神，殖民者的第二代、第三代和第 n 代将自己决定他们想要的生活方式。他们为什么要在没有压力服的情况下出门呢？专业潜水员就不会抱怨他们必须佩戴的装备，他们只需要选择继续工作或是去找另一份工作。在火星上也是一样。大多数人会把所有时间都花在“室内”，不会去考虑室外的问题。1990 年的电影《全面回忆》（*Total Recall*）就栩栩如生地描绘了一个成熟的火星殖民地。要建成一个乌托邦还有很长的路要走，但至少这条路是走得通的。只有第一代殖民者还能做理想主义者，他们的后代必须成为现实主义者。

但那是很遥远的事情了。我们针对那个时代思考、写下的任何东西都只是纯粹的推测，它们可能都是错的。但有一点是肯定的：在那个时代到来的很久之前，必须有人迈出前往火星的第一步。他会是谁，又是在什么时候呢？

8

新太空竞赛

▶▶▶

竞争者

早在1999年，科幻小说作家格雷戈里·本福德就创作了《火星竞赛》，他笔下的太空竞赛会在2018年逐渐拉开帷幕。今天看来，这个时间框架可能还是过于乐观了，但他选择的参赛人选还是可信的。为了避开政府与政府开展的月球竞赛，本福德让一个由政府管理的团队和一个私人资助的团队展开竞争。一边是富有魅力的亿万富翁领导的民营企业联合体；另一边不是美国国家航空航天局，也不是俄罗斯人，而是中国政府和欧洲航天局主导的合资企业。在今天的头条新闻中也可以看到这种情况：

- “亿万富翁加入太空竞赛”（*The Week*，2016年9月17日）
- “火星竞赛：太空探索技术公司排名”（*The Verge*，2016年9月30日）
- “太空探索技术公司、蓝色起源公司、美国国家航空航天局将人类送上火星的激烈角逐”（*Digital Trends*，2016年10月10日）
- “埃隆·马斯克vs美国国家航空航天局vs中国：亿万富翁在新时代太空竞赛中展现金融实力”（*Daily Express*，

2017年1月2日）

在作者撰写本书时（2017年），全球只有两个国家有能力将人类送入太空，而美利坚合众国并不是其中之一。这两个国家一个当然是俄罗斯，另一个则是中国。2003年10月，“神舟5号”飞船（与俄罗斯“联盟号”飞船的设计相似）将第一名中国宇航员成功送入轨道。此后，中国分别于2005年、2008年、2012年、2013年和2016年完成了五次神舟飞船载人航天任务。这个日程安排得不是很紧凑，说明中国政府并没有全力以赴探索太空。考虑到中国还有其他的优先事项，这可能和20世纪60年代苏联的情况类似：政府支持太空探索，但主要精力投入了其他优先领域。如果中国想要赢得火星竞赛，不管它是否与欧洲合作，这种态度得变一变了。[1]

在本福德创作《火星竞赛》时，还没有出现非政府太空项目。但不到四年之后，命运多舛的“小猎犬2号”就到达了火星，它有超过一半的资金都来自民营部门。由此可见，火星计划是可

1 相较于欧美等传统太空探索强国，中国的太空探测活动起步较晚但起点高。中国在太空探测领域的发展路线是符合中国的发展需求和现实基础的，同时也结合了国际发展趋势。中国适时开展适度规模的太空探测活动，立足于提升国家创新能力、和平利用空间、探索未知领域、促进人类进步，以探月工程为基础，分阶段有序推进。中国于2020年首次发射火星探测器，同时，已规划了在2030年前实施火星探测、小行星探测、木星探测等深空探测任务。——编者注

以由民营力量完成的，它也激发了新一代的太空企业家，其中有些人正酝酿着比同辈更加宏伟的计划。

可行性较低的一些计划，比如巴斯·兰斯德普的“火星1号”计划、丹尼斯·蒂托的“灵感火星”提案，这些我们在第6章中都提到过。这些方案从某个角度来说是有意义的，但它们缺乏技术细节这个关键元素，尤其还缺乏实际将要用到的太空硬件。这些组织的可信度也因此遭到质疑，形成了一个潜在的、自我毁灭式的恶性循环。缺乏连贯的技术计划会招来媒体的批判，反过来又会吓跑潜在的投资者。没有大量的前期投资，这些公司就无法进行基本的技术演示和测试，无法让那些批判他们的人闭嘴。不管怎样，对最近才成立的初创企业来说，将目光放在人类即将飞往火星这件事上是错误的。过去50年的历史证明，这是一件非常难以实现的事情。即使由经验再丰富的工程师团队引领，前往红色星球的任务也似乎总是习惯性地遭遇失败，这一点实在是让人感到沮丧。2016年10月，欧洲航天局在“小猎犬2号”之后进行了第二次尝试，想把一个机器人着陆器送上火星……遭遇了第二次失败。如果一家民营企业没有把任何东西送入太空的经验，人们怎么能想象它的载人航天器能做得更好呢？

“火星1号”计划的最大问题不在于它可能会失败，而在于它一旦失败就会给“私人赞助的太空旅行”这个概念蒙上一层阴影。这将是一场悲剧，因为其他人正在以更加现实的方式应对同一个潜在市场。前面我们提到了杰夫·贝佐斯的蓝色起源公司，提到了它以乌龟为基础的企业标志。蓝色起源公司的商业模式远比“火星1号”计划强大。兰斯德普靠媒体交易和广告筹集资金，而贝佐斯计划以太空旅游的形式提供切实的服务。虽然贝佐斯谈到火星是未来可能的目的地，但这并不是他们公司目前关注的焦点，蓝色起源公司这只乌龟似乎不太可能在火星竞赛中取得胜利——除非其他人先退出比赛。在这场竞赛中，最被看好的是埃隆·马斯克的太空探索技术公司。

如果太空探索技术公司把获胜只寄希望于马斯克那预计能将450吨的乘客或货物直接运送到火星表面的行星际运输系统，那么他们是很难获胜的。行星际运输系统是激励潜在投资者的长期愿景，可能要到21世纪20年代才开始初步的开发和测试。太空探索技术公司前往火星的第一个航天器要小得多，且完全基于现在已有的技术：由“猎鹰”重型火箭发射“红龙号”飞船。进行初步测试的“红龙号”不会载人，但距离载人航天任务应该并不遥远。

除了太空探索技术公司之外，在比赛中只有一个真正值得留意的竞争者——美国国家航空航天局。此前，所有人都认为美国国家航空航天局是最显而易见、完全有可能获胜的一方，这一局势最近才有所变化。毕竟他们在 20 世纪 60 年代已经赢得了登月比赛，在送往火星的机器人探测器方面，他们也比其他人经验丰富。但美国国家航空航天局前进的步伐很慢，太空探索技术公司前进的步伐则很快。

美国国家航空航天局的“猎户座”飞船看起来与太空探索技

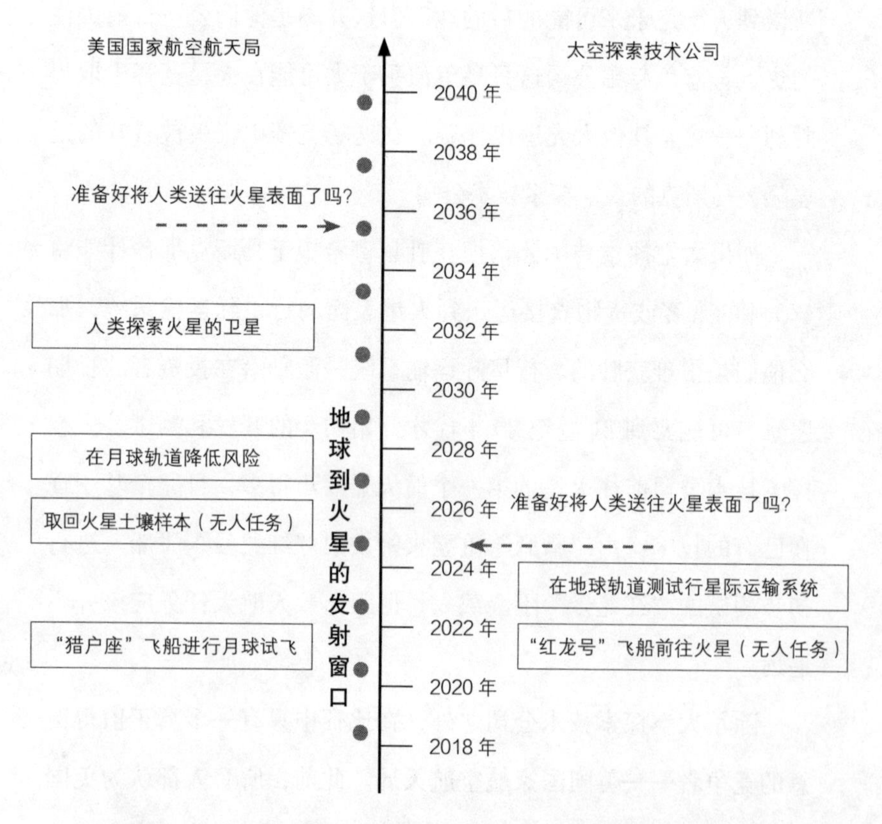

美国国家航空航天局与太空探索技术公司的火星计划对比。

术公司的“天龙号”并没有什么区别，但它的开发却花了更长的时间。就在本书筹备出版的几个月期间，美国国家航空航天局已经多次修改公开宣布的计划和时间表。总而言之，美国国家航空航天局对火星竞赛紧迫性的看法要比太空探索技术公司更为悠闲。第 162 页的图是这两个组织公布的大致时间表，我们从图中可以非常清楚地看到这一点。

当然，太空探索技术公司夸大预期进展的速度的动机是好的。如果人们觉得要等个十年才能看到任何实际的成果，那么他们就不太可能会给公司投资了。政治家也可能会觉得不耐烦，所以美国国家航空航天局也有类似的问题，但他们夸大的程度比较小，时间尺度可能会更现实一点。不过在这张图中，太空探索技术公司拥有超过十年的领先优势，即使这个数字是夸大了两倍的结果，它仍然可以轻松地胜出。

外卡选手

安迪·韦尔在小说《火星救援》中写道，美国国家航空航天局在 2031 年赢得了火星竞赛（小说中并没有明确提到这个日期，但读者可以从字里行间得出这个数据）。小说中用到的技术原则上是可行的，但如果和美国国家航空航天局目前的计划相比，会显得更有异国特色。特别是，在那个时间尺度上，似乎不太可能使用核动力驱动的可变比冲磁等离子体火箭推进系统。不是说这个系统从技术角度来说太过牵强，并没有，只是它需要经过多年的开发和测试才能达到必要的可靠性和安全认证水平。科幻小说作家可以忽略这些现实问题，但美国国家航空航天局不能。

虽然《火星救援》忽略了管理一个大型工程项目所需的时间现实，更没有提到政府财政紧张的现实，但它却遵循了更为基本的宇宙现实。从霍曼转移轨道、齐奥尔科夫斯基火箭方程到动量守恒，韦尔都在有意识地遵守物理定律。科幻小说作者通常在这类事情上要求并不那么严格。如果从地球到火星能像从伦敦到纽约一样，走直线，想走就走，飞船的有效载荷比接近 50% 而不是只有 3% ~ 4%，一切都会简单得多。一大堆好莱坞电影在人们的心里留下了这样的印象：在未来某个时刻，人们能够做到这一点。但真的可能吗？

从 A 点最快到达 B 点需要大量的能量。但我们在第 2 章中提到过，这并不是太空火箭必须要这么大的最终原因。行星际航行所需的能量只能来自非常有限的来源，如核反应堆。但仅凭这一点还不够，在大量额外的质量之外，我们还要遵守物理学的一个基本定律——动量守恒。航天器只能通过给其他物体施加大小相同、方向相反的动量来获得动力。在目前的所有设计中，无论是化学火箭、核火箭还是电磁离子推进器，都需要携带大量的推进剂，将这些推进剂从航天器的后部推出，为航天器提供必要的向前的推力。

是否有一种方法可以不用推进剂而产生推力呢？近年来其实已经有人主张研发这种无推进剂推进器。这个想法最初出现在2003年，当时一位名叫罗杰·肖伊尔（Roger Shawyer）的英国发明家展示了他的电磁推进器（EmDrive）。这种推进器和一些离子推进器一样，使用微波炉中的同类微波。但在离子推进器中，微波将中性气体转变为电离等离子体，用作推进剂。而电磁推进器中没有推进剂，只有微波在密封的腔体内重复反射。这是一个完全封闭的系统，没有任何东西进入或离开。根据传统物理学的知识，这种情况是不会产生推力的，但肖伊尔声称它可以。虽然它产生的推力很小，只有微牛顿量级，但重点是这种推进器不需要推进剂，它是一个可以无限期保持的推力。

想要被科学机构冷眼相待？最快也最可靠的方法就是声称自己发明了一种打破物理定律的装置。这正是罗杰·肖伊尔这几年做的事情。但人们逐渐意识到，电磁推进器并没有像永动机和自由能设备那样轻易消失。一些科学部门，包括美国国家航空航天局位于休斯敦的Eagleworks高级推进实验室（“Eagleworks” Advanced Propulsion Laboratory），都悄悄进行了独立测试。这些测试的结果并不一致，有人测量到了一个小推力，有人什么都没测量到。但电磁推进器并没有像大多数科学家希望看到的那样，被明确、完全地证伪。

我们无法用已知的物理学知识来解释电磁推进器测试中看到的肯定的结果，很多人认为它们是由实验装置的缺陷造成的。但这并不是唯一的解释。也有可能推力真实存在，那它产生的方式表现得像是违反了动量守恒定律。电磁推进器可能找到了一种与周围环境交换动量的全新方式。这可能涉及在实验室环境中“推”某些东西，当然在这种情况下，它在外太空中就毫无用处。或者也有可能，它是以某种方式与空间本身的结构相互作用。现阶段的理论认为，这个空间并不是完全的“空”。

电磁推进器最重要的问题不在于它如何工作，而在于它是否可以用作无推进剂的太空推进器。最终测试不能在地球实验室里进行，必须在太空中进行。我们可能很快就会迎来这个测试，但不是测试电磁推进器本身，而是测试与它密切相关的坎尼（Cannae）推进器。坎尼推进器由美国工程师、商人吉多·费塔（Guido Fetta）设计，有趣的是，它的名字其实是来源于《星际迷航》中斯科特先生的一句名言：“物理定律是不能改变的。”（Ye cannae change the laws of physics.）

费塔希望用私人出资的“立方星”（CubeSat）卫星将一个小型坎尼推进器送入轨道。如果没有推进器维持，这种卫星将在6

周内落回地球。这是一个非常简单的实验：如果卫星停留在轨道的时间明显长于 6 周，那坎尼推进器就一定发挥了作用。

如果得到了肯定的结果，太空旅行的游戏规则也将发生改变。有人声称，设计合理的电磁推进器可以将地球和火星之间的行程时间缩短到 10 周或更短时间。这可能是真的，但重要的是，它实现这一点的方式并不会有过多的戏剧性。一些新闻媒体喜欢将电磁推进器称为“曲速引擎”（Warp Drive），认为它比目前存在的任何推进器都要强大得多。但这不是真的，它的能力和低推力离子推进器处于同一个等级。它永远无法从地球表面直接升空。但是一旦航天器进入轨道，电磁推进器就可以通过长时间保持小的加速度来逐渐增加 Δv。电磁推进器和传统离子推进器的最大区别在于，它不需要花费大量的推进剂来达到所需的 Δv。但它仍然需要合适的能源，比如太阳能电池板、放射性同位素热电机或核反应堆。

即使我们证实电磁推进器是一个可行的空间推进系统——这种情况发生的可能性很小——它也会是一个非常庞大的工程，要在未来数十年的时间里才能完成它的实际开发工作。希望到那时，火星竞赛已经用温和一些的技术取得了胜利。

火星热

前面我们提到，月球竞赛是美苏冷战的一个分支，其核心是资本主义与共产主义之间意识形态的冲突。哪一方赢了？当然是美国……但它真的是资本主义的胜利吗？“阿波罗”计划的所有资金都来自美国的纳税人，而非私人资本。如果有许多大型航空公司从月球竞赛中获利，它们既不是主动的，也没有承担任何财务风险。它们所有的收入都来自与美国国家航空航天局（公有、集权的政府机构）签订的、利润丰厚的“成本加费用”合同。

火星竞赛不同，它不是一个国家和另一个国家之间的竞赛，它是公共部门和民营部门之间的一场竞赛。这也不是共产主义和资本主义之间具有象征意义的一场对抗，而是纳税人出资和私人投资之间真正、直接的斗争。美国的“阿波罗”计划虽然和苏联的太空计划存在差异，但它们都通过两国政府的巨额拨款，以同样的方式获得了资金。对像太空探索技术公司和蓝色起源公司这样的新一代参赛选手来说，情况就不一样了。这两家公司都是由白手起家的亿万富翁经营的。2016 年，埃隆 · 马斯克的个人财富预计达到了 100 亿美元，杰夫 · 贝佐斯预计拥有 450 亿美元的财富，是全世界排名第五的大富豪。这并不是说，这些人就可以把自己的钱投到太空企业中，但这些财富至少证明，他们知道如何从自己所做的事情中获利。马斯克和贝佐斯等人正在通过新的商业模式、新的工程实践、新的企业文化和一整套新的优先事项，强调太空旅行作为一种商品的可售性，他们完全改变了这个领域。

对美国国家航空航天局来说，太空探索一直和科学息息相关。对科学家来说，火星的诱惑来自它和地球的相似之处。这些相似之处可以让我们了解宇宙的地质、化学和生物过程。而对民营企业家来说，太空探索只和人有关，和智人要走出地球的需求有关。基于同样重要的原因，聚光灯落在了火星上：从宇宙角度来看，火星和地球并没有什么不同。从这种以人为本的观点出发，美国国家航空航天局的机器人探测器毫无用处，只有把人类成功送上火星，才算是成功。

科学与工程方面的基本事实告诉我们，无论是哪一方赢了竞赛，竞赛中的某些事物都是可以用虚拟确定性来预测的。前往火星的航天器将沿着最小能量消耗的霍曼转移轨道飞行，或者是在非常接近的这类轨道上飞行。在每 26 个月出现的短暂发射窗口期间，宇宙飞船将离开地球。即使我们开发出了必要的硬件，有充足的资金流，第一次飞行任务也不会是载人任务。不仅是因为所有技术和任务程序都要先进行安全测试，当然这也是一个重要因素，更主要是因为在宇航员到达之前还需要在火星上部署某些必要的设备。我们至少需要两年，也可能是四年、六年时间，才能做好所有准备工作，然后才能让宇航员出发前往火星。

我们可以合理、确定地知道，它不会顺利进行。太空探索领域一直充斥着相当多的意外事故。太空时代一开始，就不断有火箭在发射台上发生爆炸。“火星魔咒”的事故数量超过了目前所有火星任务数量的一半。随着时间推移，情况虽然一直在好转，但好转得很慢。2016 年 9 月，太空探索技术公司的“猎鹰 9 号”火箭在发射前的测试中爆炸，在之后的一个月里，欧洲航天局第二次试图让机器人探测器登陆火星也失败了。问题不在于太空飞行本身有多困难，而是因为大多数航天器要么是一次性的，要么建造的数量非常少。也就是说，每次飞行其实都是试飞。幸运的是，太空行业的每个人都了解这一点，而且一次事故哪怕有人丧命，人们也没有因此将这个项目彻底取消。只是人们要花时间去找出错的地方，会产生不可避免的延迟。

考虑到所有这些因素，我们可以作出一个更加现实的估计：第一次登陆火星应该是在 21 世纪 20 年代末或是 30 年代初。这也恰好符合安迪·韦尔在《火星救援》中描绘的时间框架。故事中，美国国家航空航天局取得了胜利，就像 1969 年首次成功登月一样。但在火星竞赛中，情况可能会有所不同。

美国国家航空航天局出于各种各样的原因赢得了登月竞赛，但其中一个因素在目前的情况下显得尤为重要。如果不是因为一个人的远见卓识，“阿波罗”计划可能永远不会发生，肯尼迪总统也不会有那次著名的演讲。那个人就是沃纳·冯·布劳恩，是他将目光投向了月球，是他说服了众多有影响力的人相信登月是一个现实可行的目标，也是他在开发必要技术方面发挥了关键作用。除此之外，你还能想到谁吗？火星爱好者史蒂芬·彼得拉内克在2015年写道："我们可以把沃纳·冯·布劳恩和'阿波罗11号'直接联系起来；等到2027年宇宙飞船降落火星时，我们也可以用同样的方式，直接把它跟埃隆·马斯克联系起来——因为那个火星着陆器很可能就是太空探索技术公司的作品。"

如果人类第一次登陆火星确实发生在2027年，或者是2029年，或2031年，那太空探索技术公司一定参与了其中。因为再没有哪家公司能提出可靠的计划，可以在那时获得所有必要的太空硬件。太空探索技术公司可能会像埃隆·马斯克下的决心那样，单枪匹马赢得比赛，也有可能是用另一种方式：火星任务也可能是使用太空探索技术公司的硬件，由美国国家航空航天局管理，就像商业补给服务项目那样。

作为一个政府机构，美国国家航空航天局一直在改变自己的政治管理格局。只有一次，在20世纪60年代，太空探索是它的最高优先级，而这只是因为太空探索与当时的冷战政治巧妙地融合在了一起。自那以后，行政管理人员控制了美国国家航空航天局的资金，将其推向了更多与"社会相关"的活动（如气候监测），不再花太多的钱去探索人类最后的边界。可以说，美国需要的是一位不受政治正确理念束缚的总统，他要能够把民营部门当作强大的潜在合作伙伴，而不只把它们当作政府的仆人。

唐纳德·特朗普（Donald Trump）是否就是那个对的人，还有待观察。但如果只看言辞——当然言辞并不总是一个好的指标——他的态度和前任总统相比，已经向前迈出了一大步。在他当选之前的两周，他在佛罗里达州肯尼迪航天中心（Kennedy Space Centre）附近进行了一次演讲，宣称自己的目的是"让美国国家航空航天局不再被局限成低地球轨道活动的后勤机构"，他会让美国国家航空航天局"重新聚焦于太空探索任务"。这是一个好消息。特朗普在同一次演讲中提出的另一个观点也是一个好消息："我们将大力拓展公私伙伴关系，把可以用于太空探索发展的投资和资金最大化，这就是我的政策基石。"

"公私伙伴关系"中的第一批合作是否就会涉及美国国家航空航天局和太空探索技术公司的联合火星任务呢？如果会，那就很好。

1877 年，乔瓦尼·斯基亚帕雷利宣布他发现了火星"运河"，点燃了公众对红色星球的热情，这种"火星热"持续了数十年。"火星热"见证了珀西瓦尔·洛厄尔关于一个古老、垂死的火星文明的猜测，见证了韦尔斯作品中入侵地球的凸眼嗜血外星人，也见证了埃德加·赖斯·伯勒斯想象中颇具异国风情的巴松（火星人自己对火星的称呼）和那位美丽的火星公主。

现在，“火星热”回归。这是有史以来红色星球第二次激发起公众的想象力，这一次是在全球连通、即时社交媒体蓬勃发展的时代。从机器人探测器的科学发现到近期宣布的载人航天计划，一个月总会出现那么几个和火星相关的新闻标题。BBC 官方网站在 2016 年的 12 个月中就有 31 个以火星为主题的新闻报道。这些都不是大胆的猜测，而是事实报道。“火星热”第一次来袭时还大多是虚无缥缈的幻想，而这一次，它是真的了。

拓展阅读

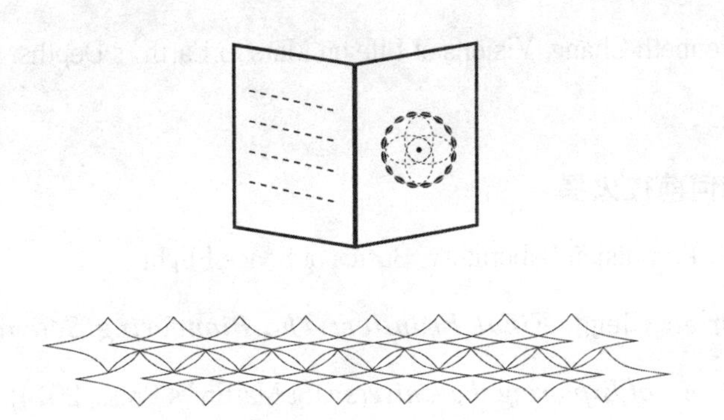

▶▶▶

1 红色星球的诱惑

Neil Bone, ***Mars Observer's Guide*** (Firefly Books, 2003).

Arthur C. Clarke, ***The Sands of Mars*** (Sidgwick & Jackson, 1952).

Andy Weir, ***The Martian*** (Del Rey, 2014).

Tony Phillips, Unmasking the Face on Mars.

Press Release: NASA Confirms Evidence That Liquid Water Flows on Today's Mars.

Kenneth Chang, Visions of Life on Mars in Earth's Depths.

2 如何前往火星

Jet Propulsion Laboratory, Basics of Space Flight.

Brian Clegg, ***Final Frontier: The Pioneering Science and Technology of Exploring the Universe*** (St Martin's Press, 2014).

Jerry Pournelle, ***A Step Farther Out*** (Ace Books, 1979).

Erik Seedhouse, ***Martian Outpost*: *The Challenges of Establishing a Human Settlement on Mars*** (Springer, 2009).

Jesse Emspak (ed.), ***Exploring Mars: Secrets of the Red Planet*** (Scientific American, 2012).

3 火星机器人

David Baker, *NASA Mars Rovers: 1997—2013* (Haynes, 2013).

Hirdy Miyamoto, Current Plan of the MELOS, a Proposed Japanese Mars Mission.

Theo Leggett, Buzz Aldrin Calls for Humans to Colonise the Red Planet.

4 从一小步到大飞跃

NASA History Program Office, NASA Human Spaceflight Programs.

David Baker, *Soyuz: 1967 Onwards* (Haynes, 2014).

Stephen Baxter, *Voyage* (Harper Collins, 1996).

5 宏伟计划

Annie Platoff, Eyes on the Red Planet: Human Mars Mission Planning, 1952—1970 (NASA CR–2001–208928, July 2001).

Bret G. Drake & Kevin D. Watts (eds), Human Exploration of Mars: Design Reference Architecture 5.0, Addendum #2 (NASA NASA/SP–2009–566–ADD2, March 2014).

NASA's Journey to Mars: Pioneering Next Steps in Space Exploration.

Rachel Hobson, Top 10 Ways ISS Is Helping Get Us to Mars.

Loren Grush, Congressional Committee Says NASA's Mars Mission Is in Critical Need of a Plan.

James Vincent, NASA Outlines Stepping Stones to Get to Mars.

Tim Collins, NASA Unveils Plans for a Year-Long Mission to the Moon in Preparation for the Journey to Mars in the 2030s.

6 民营企业

Robert Zubrin, *Mars Direct: Space Exploration, the Red Planet and the Human Future* (Penguin, 2013).

Sydney Do et al., An Independent Assessment of the Technical Feasibility of the Mars One Mission Plan-Updated Analysis.

Elon Musk, Making Humans a Multiplanetary Species.

Irene Klotz, Experts Concerned by SpaceX Plan to Fuel Rockets with People Aboard.

Bill Roberson, As Billionaires Ogle Mars, the Space Race is Back On.

Gregory Benford, *The Martian Race* (Orbit Books, 2000).

7 火星生活

Stephen Petranek, ***How We'll Live on Mars*** (TED Books, 2015).

Isaac Asimov, ***The Martian Way*** (Panther Books, 1965).

Nancy Atkinson, NASA Might Build an Ice House on Mars.

8 新太空竞赛

David Hambling, The Impossible Propulsion Drive Is Heading to Space.

Marcia S. Smith, Trump: I Will Free NASA from Being Just a Space Logistics Agency.

图书在版编目（CIP）数据

逐梦火星：我们的红色星球之旅/（英）安德鲁·梅（Andrew May）著；杨睿译.--重庆：重庆大学出版社，2020.9

（微百科系列. 第二季）

书名原文: Destination Mars: The Story of Our Quest to Conquer the Red Planet

ISBN 978-7-5689-2338-5

Ⅰ.①逐… Ⅱ.①安… ②杨… Ⅲ.①火星—研究 Ⅳ.①P185.3

中国版本图书馆CIP数据核字（2020）第128559号

逐梦火星：我们的红色星球之旅

ZHUMENG HUOXING: WOMEN DE HONGSE XINGQIU ZHI LÜ

［英］安德鲁·梅（Andrew May） 著

杨 睿 译

懒蚂蚁策划人：王 斌

策划编辑：王 斌 张家钧

责任编辑：张家钧 装帧设计：原豆文化

责任校对：刘志刚 责任印制：赵 晟

*

重庆大学出版社出版发行

出版人：饶帮华

社址：重庆市沙坪坝区大学城西路21号

邮编：401331

电话：（023）88617190 88617185（中小学）

传真：（023）88617186 88617166

网址：http://www.cqup.com.cn

邮箱：fxk@cqup.com.cn（营销中心）

全国新华书店经销

重庆市正前方彩色印刷有限公司印刷

*

开本：890mm×1240mm 1/32 印张：6 字数：113千

2020年9月第1版 2020年9月第1次印刷

ISBN 978-7-5689-2338-5 定价：46.00元

本书如有印刷、装订等质量问题，本社负责调换

版权所有，请勿擅自翻印和用本书

制作各类出版物及配套用书，违者必究

DESTINATION MARS：THE STORY OF OUR QUEST TO CONQUER

THE RED PLANET by ANDREW MAY

TEXT COPYRIGHT © 2017 ICON BOOKS LTD

This edition arranged with THE MARSH AGENCY LTD

through BIG APPLE AGENCY，INC.，LABUAN，MALAYSIA.

Simplified Chinese edition copyright:

2020 Chongqing University Press

All rights reserved.

版贸核渝字（2019）第 042 号